科学。奥妙无穷 ▶

被1+1改变的世界

的

于川 编著

BEI1+1 GAIBIANDESHIJIE

中国出版集团

现代出版社

走进数学

数学 名称的来源 / 6

数学是打开科学大门的钥匙 /

数字与符号 / 14

各种形式的数字 / 14

数字的产生 / 15

阿拉伯数字 传说 / 15

古罗马数字 / 16

整数的诞生 / 18

十进制的出现 / 20

数学符号的起源 / 22

数学皇冠上的明珠——哥德巴赫猜想 / 24

数学文化 / 28

数字和文学 / 29

欧式几何和中国古代的时空观 / 30

数学与语言 / 30

数学的宏观和微观认识 / 31

数学之谜 / 32

奇妙的圆形 / 32

神奇的黄金分割 / 36

黄金分割与美感 / 38

黄金分割与艺术创作 / 39

黄金分割与建筑艺术 / 40

黄金分割与植物 / 41

$\sqrt{2}$惨案之谜 / 44

大金字塔之谜 / 46

麦田怪圈之谜 / 50

为什么平年二月只有28天 / 52

数学与艺术 / 54

《盗梦空间》与非欧几何 / 55

《达·芬奇密码》与斐波那契数列 / 57

《画廊》与空间逻辑 / 58

目 录

巧用数学 / 60

　　"问路问题"中的逻辑推理 / 60

　　蜜蜂用数学忙些什么 / 62

　　钱币的学问 / 67

　　人身上的"尺子" / 69

　　炙肉片的策略 / 70

　　抽屉原理与电脑算命 / 74

有趣的数学游戏 / 76

　　趣味数独 / 76

　　　9×9标准数独终盘数量 / 77

　　　难度划分 / 77

　　　解题方法 / 78

　　　变形数独 / 78

　　魔方的奥秘 / 80

　　　魔方之父厄尔诺·鲁比克 / 81

　　　魔方的结构 / 81

　　　魔方的分类 / 83

　　　魔方的玩法 / 88

数学小·魔术　/ 90

数学猜心·魔术　/ 91

数字暗号的艺术　/ 92

斐波那契数列中的魔术　/ 95

快速数球　/ 98

数学家的故事　/ 100

八岁的高斯发现了数学定理　/ 100

小·欧拉智改羊圈　/ 102

陈景润：小·时候，教授送我一颗明珠　/ 106

华罗庚的故事　/ 110

博学的祖冲之　/ 114

莫比乌斯与莫比乌斯带　/ 116

数学是数学家的墓志铭　/ 122

丢番图　/ 122

阿基米德　/ 123

鲁道夫　/ 125

"百鸟图"中的数字谜　/ 126

目录

● 走进数学

数学是什么? 老师们扼腕长叹: 数学可能是最难教也是最难学的课程; 学生们愕然愧忤: 数学是最头疼、最讨厌的题海; 家长们愁眉不展: 数学是最抽象、最枯燥的学问……然而, 数学从它诞生之日起, 就与人类社会、生活、文化、哲学、艺术、科技等密切联系在了一起, 不仅成为"科学之王", 而且也是美丽的使者: 这就是数学——幻方是奇幻的迷宫! 圆周率是无穷的歌谣! 黄金分割是奇美的图画! 分形是怪异的曲线! 莫比乌斯圈是梦幻的摇滚! 几何是神奇的彩笔! 代数是美妙的遐思! 这就是数学——它是数和形的彩绘! 它是旅游者的全景图! 它是竞技场上的兴奋剂! 它是魔术师的障眼法! 它是军事家的神机妙算! 它是生命科学的基因组合! 它是美妙的花朵! 它是开心的乐园! 下面, 就让我们一起走进数学的世界, 感受数学的魅力吧!

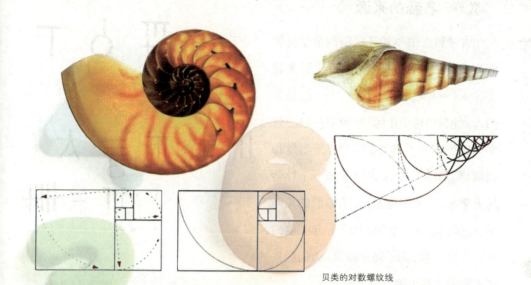

贝类的对数螺纹线

极客们把图中的球状物称为"曼德尔球"(Mandelbulb),该名称来源于分形几何的创始人曼德尔布罗特(Mandelbrot)。这个三维图就是由一个原始球体经过一种迭代算法而产生。极客们将原始球体上各点的三维数据运用同一方程进行无数次的重复运算就得到了这个"曼德尔球"结构。这一过程与二维"曼德尔布罗特"集合的形成过程相似。

"数学" 名称的来源 〉

古希腊人很早就开始猜测数学是如何产生的。在现存的资料中，希罗多德（前484—前425年）是第一个开始猜想的人。他只谈论了几何学，他对一般的数学概念也许并不熟悉，但对土地测量却很敏感。作为一个人类学家和一个社会历史学家，希罗多德指出，古希腊的几何来自古埃及，在古埃及，由于一年一度的洪水淹没土地，为了确定租税，人们经常需要重新丈量土地。

而"数学"一词正来自于希腊语，它意味着某种"已学会或被理解的东西"或"已获得的知识"，甚至意味着"可获

图a

图b

宋元时代，这种十进小数有了广泛应用和发展，秦九韶用名数作为小数的符号，例如18.56寸表示（如图a）；李冶则依靠算式的位置表示，例如−8.25+2.673表示（如图b）。

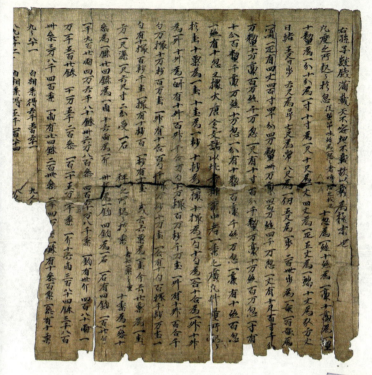

《缀术》是中国南北朝时期的一部算经，汇集了祖冲之和祖暅父子的数学研究成果。这本书被认为内容深奥，以致"学官莫能究其深奥，故废而不理"（《隋书》）。《缀术》在唐代被收入《算经十书》，成为唐代国子监算学课本，当时学习《缀术》需要4年的时间，可见《缀术》的艰深。《缀术》曾经传至朝鲜、日本，但到北宋时这部书就已亡佚。

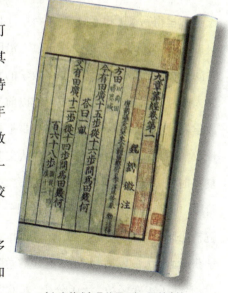

《九章算术》是战国、秦、汉封建社会创立并巩固时期数学发展的总结，就其数学成就来说，堪称是世界数学名著。

的东西"、"可学会的东西"，即"通过学习可获得的知识"，数学名称的这些意思似乎与其梵文中的同根词相同。伟大的辞典编辑人利特雷（他也是当时杰出的古典学者）在其1877年编辑的法语字典中就收入了这层意义上的"数学"一词。需要指出的是"数学"一词从表示一般的知识到专门表示数学专业，经历了一个较长的历史过程。

数学发展的历史非常悠久，大约在1万多年前，人类从生产实践中就逐渐形成了"数"和"形"的概念，但真正形成数学理论还是从古希腊人开始的。公元前300多年以前，希腊数学

BEI 1+1 GAI BIAN DE SHI JIE

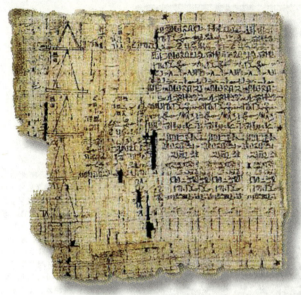

左图：古埃及数
学课本记录金字塔
右图：古埃及纸
草书记录数学成就

家欧几里得写了《几何原本》一书，这是自古以来所有科学著作中发行最广、沿用时间最长的巨著。两千多年来，数学的发展大体可以分为3个阶段：17世纪以前是数学发展的初级阶段，其内容主要是常量数学，如初等几何、初等代数；从文艺复兴时期开始，数学发展进入了第二个阶段，即变量数学阶段，产生了微积分、解析几何、高等代数；从19世纪开始，数学获得了巨大的发展，形成了近代数学阶段，产生了实变函数、泛函分析、非欧几何、拓扑学、近世代数、计算数学、数理

逻辑等新的数学分支。

近半个多世纪以来，现代自然科学和技术的发展，正在改变着传统的学科分类与科学研究的方法。"数、理、化、天、地、生"这些曾经以纵向发展为主的基础学科与日新月异的技术相结合，使用数值、解析和图形并举的方法，推出了横跨多种学科门类的新兴领域，在数学科学内也产生了新的研究领域和方法，如混沌、分形几何、小波变换等等。可以这样说，数学发展至今，已经成为拥有100多个分支的科学体系，尽管如此，其核心

领域依然是：

　　代数学——研究数的理论；

　　几何学——研究形的理论；

　　分析学——沟通形与数且涉及极

限运算的部分。

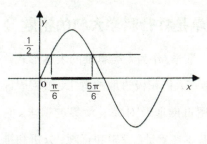

三角函数：sin$x$>1/2图像

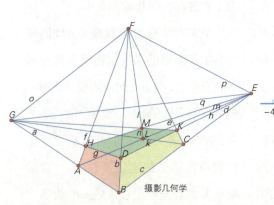

摄影几何学

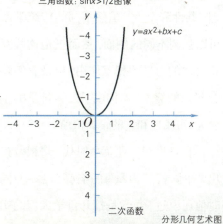

$y=ax^2+bx+c$

二次函数

分形几何艺术图

数学是打开科学大门的钥匙 〉

数学，作为人类思维的表达形式，反映了人们积极进取的意志、缜密周详的逻辑推理及对完美境界的追求。它的基本要素是：逻辑和直观、分析和推理、共性和个性。虽然不同的传统学派可以强调不同的侧面，然而正是这些互相对立的力量的相互作用，以及它们综合起来的努力，才构成了数学科学的生命力、可用性和它的崇高价值。

在17世纪工业革命时代，培根曾提出"知识就是力量"的响亮口号，但同时他还说过"数学是打开科学大门的钥匙"。回顾科学的发展历史，凡具有划时代意义的科学理论与实践的成就，无一例外地都借助于数学的力量——没有马克斯威尔方程就不可能有电磁波理论，也就不会有现代的通讯技术；没有黎曼几何，也不可能产生广义相对论；没有纳维—斯托克司方程，就不会有流体力学的理论基础，也不可能产生航空学；有了数理逻辑和量子力学，才会产生现代的电子计算机；没有微积分学，就谈不上力学和现代科学技术的发展。

物理学家伦琴因发现X射线而成为1901年开始的诺贝尔物理学奖的第一位获奖者，当有人问他需要什么时，他的回答是："第一是数学，第二是数学，第三还是数学。"对计算机发展作出划时代贡献的诺依曼认为："数学处于人类智能的中心领域……数学方法渗透、支配着一切自然科学的理论分支……它已愈来愈成为衡量成就的主要标志。"

希尔伯特

▷ **数学名言**

在数学的领域中，提出问题的艺术比解答问题的艺术更为重要。

——康托尔

只要一门科学分支能提出大量的问题，它就充满着生命力，而问题缺乏则预示独立发展的终止或衰亡。

——希尔伯特

在数学的天地里，重要的不是我们知道什么，而是我们怎么知道什么。

——毕达哥拉斯

我思故我在。我决心放弃那个仅仅是抽象的几何。这就是说，不再去考虑那些仅仅是用来练思想的问题。我这样做，是为了研究另一种几何，即目的在于解释自然现象的几何。数学是人类知识活动留下来最具威力的知识工具，是一些现象的根源。数学是不变的，是客观存在的，上帝必以数学法则建造宇宙。

——笛卡儿

迟序之数，非出神怪，有形可检，有数可推。

——祖冲之

笛卡儿

康托尔

13

数字与符号

各种形式的数字 〉

印度–阿拉伯数字系统的10个数字，按值排列。数字是一种用来表示数的书写符号。不同的记数系统可以使用相同的数字，比如，十进制和二进制都会用到数字"0"和"1"。同一个数在不同的记数系统中有不同的表示，比如，数37（阿拉伯数字十进制）可以有多种写法：中文数字写作三十七；罗马数字写作XXXVII；阿拉伯数字二进制写作100101。

结绳计数

手指计数

20c

VENDA

HISTORY OF WRITING : PICTOGRAPHIC SCRIPT SUMERIAN TABLET

HEIN BOTHA 1982

刻画计数

• 数字的产生

人类最早用来计数的工具是手指和脚趾，但它们只能表示 20 以内的数字。当数目很多时，大多数的原始人就用小石子和豆粒来记数。渐渐地人们不满足粒为单位的记数，又发明了打绳结、刻画记数的方法，在兽皮、兽骨、树木、石头上刻画记数。中国古代是用木、竹或骨头制成的小棍来记数，称为算筹。这些记数方法和记数符号慢慢转变成了最早的数字符号（数码）。如今，世界各国都使用阿拉伯数字为标准数字。

• 阿拉伯数字的传说

公元 500 年前后，随着经济、文化以及佛教的兴起和发展，印度次大陆西北部的旁遮普地区的数学一直处于领先地位。天文学家阿叶彼海特在简化数字方面有了新的突破：他把数字记在一个个格子里，如果第一格里有一个符号，比如是一个代表 1 的圆点，那么第二格里的同样圆点就表示十，而第三格里的圆点就代表一百。这样，不仅是数字符号本身，而且是它们所在的位置次序也同样拥有了重要意义。后来，印度的学者又引出了作为零的符号。可以这么说，这些符号和表示方法是今天阿拉伯数字的老祖先。771 年，印度北部的数学家被抓到了阿拉伯的巴格达，被迫给当地人传授新的数学符号和体系，以及印度式的计算方法（即我们现在用的计算法）。由于印度数字和印度计数法既简单又方

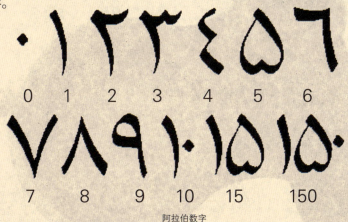

0	1	2	3	4	5	6

7	8	9	10	15	150

阿拉伯数字

15

便，其优点远远超过了其他计算法，阿拉伯的学者们很愿意学习这些先进知识，商人们也乐于采用这种方法去做生意。后来，阿拉伯人把这种数字传入西班牙。10世纪，又由教皇热尔贝·奥里亚克传到欧洲其他国家。公元1200年左右，欧洲的学者正式采用了这些符号和体系。至13世纪，在意大利比萨的数学家斐波那契(Leonardo Pisano ,Fibonacci, Leonardo Bigollo，1175~1250年)的倡导下，普通欧洲人也开始采用阿拉伯数字，15世纪时这种现象已相当普遍。那时的阿拉伯数字的形状与现代的阿拉伯数字尚不完全相同，只是比较接近而已，为使它们变成今天的1、2、3、4、5、6、7、8、9、0的书写方式，又有许多数学家花费了不少心血。

• 古罗马数字

罗马人在希腊数字的基础上，建立了自己的记数方法。罗马人用字母表示数，Ⅰ表示1，Ⅴ表示5，Ⅹ表示10，C表示100，而M表示1000。这样，大数字写起来就比较简短，但计算仍然十分不便。因此，今天人们已经很少使用罗马数字记数了，但有时也还可以见到使用在年号或时钟上的罗马数字。

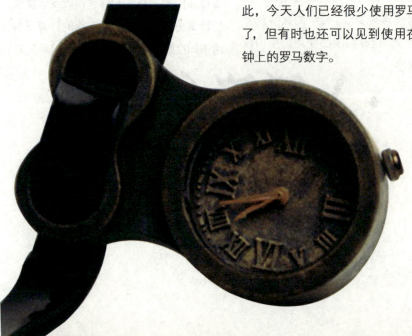

含有数字的成语

一：一心一意　一马当先　一刀两断　一无所有　一日千里　一气呵成　一本正经　一年一度　一心二用　一五一十　一目了然　一事无成

二（两）：一心二用　一刀两断　三三两两

三：三五成群　三头六臂　三令五申　三心二意　三长两短

四：四分五裂　四面八方　四面楚歌　四通八达

五：一五一十　五光十色　五彩缤纷

六：六神无主

七：七上八下　五颜六色

八：七嘴八舌　四平八稳

九：九牛一毛　九死一生　九牛二虎

十：十全十美　十万火急　十里挑一　十拿九稳

千：千门万户　千山万水　千里迢迢　一日千里　千军万马　千钧一发　千疮百孔　千秋万代

万：万紫千红　万众一心　万无一失　万马奔腾　万象更新　万籁俱寂　万家灯火　鹏程万里　万物复苏　以防万一　万丈深渊

整数的诞生 〉

我们经常能看到牙牙学语的小朋友扳着手指数数的场景，要知道，学会数数，那可是人类经过成千上万年的奋斗才得到的结果。如果我们穿过"时间隧道"来到二三百万年前的远古时代，和我们的祖先——类人猿在一起，我们会发现他们根本不识数，他们对事物只有"有"与"无"这两个数学概念。类人猿随着直立行走使手脚分工，通过劳动逐步学会使用工具与制造工具，并产生了简单的语言，这些活动使类人猿的大脑日趋发达，最后完成了由猿向人的演化。这时的原始人虽没有明确的数的概念，但已由"有"与"无"的概念进化到"多"与"少"的概念了。"多少"比"有无"要精确。这种概念精确化的过程最后就导致了"数"的产生。

古时的人类还没有文字，他们用的是结绳记事的办法（《周易》中就有"上古结绳而治，后世圣人，易之以书契"的记载）。遇事在草绳上打一个结，一个结就表示一件事，大事大结，小事小结。这种用结表事的方法就成了"符号"的先导。长辈拿着这根绳子就可以告诉后辈某个结表示某件事。这样代代相传，所以

结绳计数

一根打了许多结的绳子就成了一本历史教材。20世纪初，居住在琉球群岛的土著人还保留着结绳记事的方法。而我国西南的一个少数民族，也还在用类似的方法记事，他们的首领有一根木棍，上面刻着的道道就是用于记事的。

又经过了很长的时间，原始人终于从"一头野猪、一只老虎、一把石斧、一个人……"这些不同的具体事物中抽象出一个共同的数字——"1"。"1"的出现对人类来说是一次大的飞跃。人类就是从这个"1"开始，又经过很长一段时间的努力，逐步地数出了"2"、"3"……对于原始人来说，每数出一个数（实际上就是每增加一个专用符号或语言）都不是简

单的事。直到20世纪初，人们还在原始森林中发现一些部落，他们数数的本领还很低。例如在一个马来人的部落里，如果你去问一个老头的年龄，他只会告诉你："我8岁"。这是怎么回事呢？因为他们还不会数超过"8"的数。对他们来说，"8"就表示"很多"。有时，他们实在无法说清自己的年龄，就只好指着门口的棕榈树告诉你："我跟它一样大。"

这种情况在我国古代也曾发生，并在古汉语中留下了痕迹。比如"九霄"指天的极高处，"九派"泛指江河支流之

多，这说明，在一段时期内，"九"曾用于表示"很多"的意思。

总之，人类由于生产、分配与交换的需要，逐步得到了"数"，这些数排列起来，可得

1, 2, 3, 4, …, 10, 11, 12, ……

这就是自然数列。

可能由于古人觉得，打了一只野兔又吃掉，野兔已经没有了，"没有"是不需要用数来表示的。所以数"0"出现得很迟。换句话说，零不是自然数。

后来由于实际需要又出现了负数。

我国是最早使用负数的国家。西汉（前2世纪）时期，我国就开始使用负数。《九章算术》中已经给出正负数运算法则。人们在计算时就用两种颜色的算筹分别表示正数和负数，而用空位表示"0"，只是没有专门给出0的符号。"0"这个符号，最早在公元5世纪由印度人阿尔耶婆哈答使用。直到这时，"整数"才完整地出现了。

手指计数

十进制的出现 〉

世界上大概所有的人都是这样从手指与数字的对应来开始学习数的。手指是人类最方便、也是最古老的计数器。

让我们再穿过"时间隧道"回到几万年前吧，一群原始人正在向一群野兽发动大规模的围猎。只见石制箭镞与石制投枪呼啸着在林中掠过，石斧上下翻飞，被击中的野兽在哀嚎，尚未倒下的野兽则狼奔豕突，拼命奔逃。这场战斗一直延续到黄昏。晚上，原始人在他们栖身的石洞前点燃了篝火，他们围着篝火一面唱一面跳，欢庆着胜利，同时把白天捕杀的野兽抬到火堆边点数。他们是怎么点数的呢？就用他们的"随身计数器"吧。一个，两个……每个野兽对应着一根手指。等到10个手指用完，怎么办呢？先把数过的10个放成一堆，拿一根绳，在绳上打一个结，表示"手指这么多野兽"（即10只野兽）。再从头数起，又数了10只野兽，堆成了第二堆，再在绳上打个结。这天，他

20

们的收获太丰盛了，一个结，两个结……很快就数到手指一样多的结了。于是换第二根绳继续数下去。假定第二根绳上打了3个结后，野兽只剩下6只。那么，这天他们一共猎获了多少野兽呢？1根绳又3个结又6只，用今天的话来说，就是"1根绳=10个结"，"1个结=10只"，所以1根绳3个结又6只=136只。

你看，"逢十进一"的十进制就是这样得到的。现在世界上几乎所有的民族都采用了十进制，这恐怕跟人有10根手指密切相关。当然，过去有许多民族也曾用过别的进位制，比如玛雅人用的是二十进制。我想，大家一定很清楚这是什么原因：他们是连脚趾都用上了。我国古时候还有五进制，你看算盘上的一个上珠就等于5个下珠。而巴比伦人则用过六十进制，现在的时间进位，还有角度的进位就用的六十进制，换算起来就不太方便。英国人则用的是十二进制（1英尺=12英寸，1箩=12打，1打=12个）。

数学符号的起源 〉

数学除了记数以外，还需要一套数学符号来表示数和数、数和形的相互关系。

数学符号的发明和使用比数字晚，但是数量多得多。现在常用的有200多个，初中数学书里就有20多种。它们各自都有一段有趣的经历。

例如加号曾经有好几种，现在通用"+"号。"+"号是由拉丁文"et"（"和"的意思）演变而来的。16世纪，意大利科学家塔塔里亚用意大利文"più"（加的意思）的第一个字母表示加，草为"μ"最后都变成了"+"号。

减号"−"是从拉丁文"minus"（"减"的意思）演变来的，简写"m"，再省略掉字母，就成了"−"了。

也有人说，卖酒的商人用"−"表示酒桶里的酒卖了多少。以后，当把新酒灌入大桶的时候，就在"−"上加一竖，意思是把原线条勾销，这样就成了个"+"号。

到了15世纪，德国数学家魏德美正式确定："+"用作加号，"−"用作减号。

乘号曾经用过十几种标示，现在通用两种。一个是"×"，最早是由英国数学

戈特弗里德·威廉·莱布尼茨

家奥屈特1631年提出的；一个是"·"，最早是英国数学家赫锐奥特首创的。德国数学家莱布尼茨则以"×"号像拉丁字母"X"为由加以反对，而赞成用"·"号。他自己还提出用"∩"表示相乘。可是这个符号现在应用到集合论中去了。

到了18世纪，美国数学家欧德莱确定，把"×"作为乘号。他认为"×"是"+"斜起来写，是另一种表示增加的符号。

"÷"最初作为减号，在欧洲大陆长期流行。直到1631年英国数学家奥屈特用"："表示除或比，另外有人用"—"（除线）表示除。后来瑞士数学家拉哈在他所著的《代数学》里，才根据群众创造，正式将"÷"作为除号。

平方根号曾经用拉丁文"Radix"（根）的首尾两个字母合并起来表示，17世纪初叶，法国数学家笛卡儿在他的《几何学》中，第一次用"√"表示根号。

16世纪法国数学家维叶特用"="表示两个量的差别。可是英国牛津大学数学、修辞学教授列考尔德觉得：用两条平行而又相等的直线来表示两数相等是最合适不过的了，于是等于符号"="就从1540年开始使用起来。1591年，法国数学家韦达在书中大量使用这个符号，才逐渐为人们接受。17世纪德国莱布尼茨广泛使用了"="号，他还在几何学中用"∽"表示相似，用"≌"表示全等。

大于号">"和小于号"<"，是1631年英国著名代数学家赫锐奥特创用。

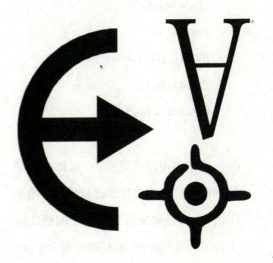

数学皇冠上的明珠——歌德巴赫猜想 〉

大约在250年前，德国数字家哥德巴赫发现了这样一个现象：任何大于5的整数都可以表示为3个质数的和。他验证了许多数字，这个结论都是正确的。但他却找不到任何办法从理论上彻底证明它，于是他在1742年6月7日写信给当时在柏林科学院工作的著名数学家欧拉请教。欧拉认真地思考了这个问题。他首先逐个核对了一张长长的数字表：

6=2+2+2=3+3

8=2+3+3=3+5

9=3+3+3=2+7

10=2+3+5=5+5

11=5+3+3

12=5+5+2=5+7

99=89+7+3

100=11+17+71=97+3

101=97+2+2

102=97+2+3=97+5

……

这张表可以无限延长，而每一次延长都使欧拉对肯定哥德巴赫的猜想增加了信心。而且他发现证明这个问题实际上应该分成两部分。即证明所有大于2的

哥德巴赫

偶数总能写成2个质数之和，所有大于7的奇数总能写成3个质数之和。当他最终坚信这一结论是真理的时候，就在6月30日复信给哥德巴赫。信中说："任何大于2的偶数都是两个质数的和，虽然我还不能证明它，但我确信无疑这是完全正确的定理。"由于欧拉是颇负盛名的数学家、科学家，所以他的信心吸引和鼓舞无数科学家试图证明它，但直到19世纪末也没有取得任何进展。这一看似简单实则困难无比的数论问题长期困扰着数学

界。谁能证明它谁就登上了数学王国中一座高耸奇异的山峰。因此有人把它比作"数学皇冠上的一颗明珠"。

实际上早已有人对大量的数字进行了验证，对偶数的验证已达到1.3亿个以上，还没有发现任何反例。那么为什么还不能对这个问题下结论呢？这是因为自然数有无限多个，不论验证了多少个数，也不能说下一个数必然如此。数学的严密和精确对任何一个定理都要给出科学的证明。所以"哥德巴赫猜想"200多年来一直未能变成定理，这也正是它以"猜想"身份闻名天下的原因。

要证明这个问题有几种不同办法，

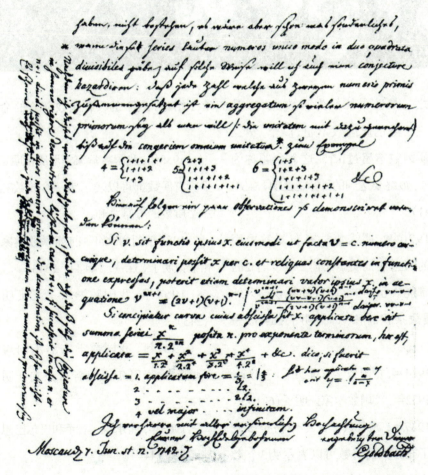

猜想手稿

其中之一是证明某数为两数之和，其中第一个数的质因数不超过a个，第二数的质因数不超过b个。这个命题称为（a+b）。最终要达到的目标是证明（a+b）为（1+1）。

1920年，挪威数学家布朗教授用古老的筛选法证明了任何一个大于2的偶数都能表示为9个质数的乘积与另外9个质数乘积的和，即证明了（a+b）为（9+9）。

1924年，德国数学家证明了（7+7）；

1932年，英国数学家证明了（6+6）；

1937年，苏联数学家维诺格拉多夫证明了充分大的奇数可以表示为3个奇质数之和，这使欧拉设想中的奇数部分

有了结论，剩下的只有偶数部分的命题了。

1938年，我国数学家华罗庚证明了几乎所有偶数都可以表示为一个质数和另一个质数的方幂之和。

1938年到1956年，前苏联数学家又相继证明了（5+5），（4+4），（3+3）。

1957年，我国数学家王元证明了（2+3）；

1962年，我国数学家潘承洞与前苏联数学家巴尔巴恩各自独立证明了（1+5）；

1963年，潘承洞、王元和巴尔巴恩又都证明了（1+4）。

1965年，几位数学家同时证明了

（1+3）。

1966 年，我国数学家陈景润在对筛选法进行了重要改进之后，终于证明了（1+2）。他的证明震惊中外，被誉为"推动了群山"，并被命名为"陈氏定理"。他证明了如下的结论：任何一个充分大的偶数，都可以表示成两个数之和，其中一个数是质数，另一个数或者是质数，或者是两个质数的乘积。

现在的证明距离最后的结果就差一步了。而这一步却无比艰难。几十年过去了，还没有能迈出这一步。许多科学家认为，要证明（1+1）以往的路走不通了，必须要创造新方法。当"陈氏定理"公之于众的时候，许多业余数学爱好者也跃跃欲试，想要摘取"皇冠上的明珠"。然而科学不是儿戏，不存在任何捷径。只有那些有深厚的科学功底，在崎岖小路的攀登上不畏劳苦的人，才有希望达到光辉的顶点。

"哥德巴赫猜想"这颗明珠还在闪闪发光地向数学家们招手，它希望数学家们能够早一天采摘到它。

● 数学文化

谈到数学文化,往往会联想到数学史。确实,宏观地观察数学,从历史上考察数学的进步,确实是揭示数学文化层面的重要途径。但是,除了这种宏观的历史考察之外,还应该有微观的一面,即从具体的数学概念、数学方法、数学思想中揭示数学的文化底蕴。

数学和文学 〉

数学和文学的思考方法往往是相通的。举例来说，数学中有"对称"，文学中则有"对仗"。对称是一种变换，变过去了却有些性质保持不变。轴对称，即是依对称轴对折，图形的形状和大小都保持不变。那么对仗是什么？无非是上联变成下联，但是字词句的某些特性不变。王维诗云："明月松间照，清泉石上流"。这里，明月对清泉，都是自然景物，没有变。形容词"明"对"清"，名词"月"对"泉"，词性不变。其余各词均如此。变化中的不变性质，在文化中、文学中、数学中，都广泛存在着。数学中的"对偶理论"，拓扑学的变与不变，都是这种思想的体现。文学意境也有和数学观念相通的地方。我国数学家徐利治先生早就指出："孤帆远影碧空尽"，正是极限概念的意境。

欧氏几何和中国古代的时空观 ❯

初唐诗人陈子昂有句云："前不见古人，后不见来者，念天地之悠悠，独怆然而涕下。"这是时间和三维欧几里得空间的文学描述。在陈子昂看来，时间是两头无限的，以他自己为原点，恰可比喻为一条直线。天是平面，地是平面，人类生活在这悠远而空旷的时空里，不禁感慨万千。数学正是把这种人生感受精确化、形式化。诗人的想象可以补充我们的数学理解。

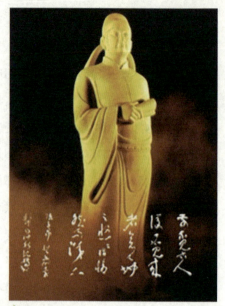

陈子昂

数学与语言 ❯

语言是文化的载体和外壳。数学的一种文化表现形式，就是把数学融入语言之中。"不管三七二十一"涉及乘法口诀，"三下二除五就把它解决了"则是算盘口诀。再如"万无一失"，在中国语言里比喻"有绝对把握"，但是，这句成语可以联系"小概率事件"进行思考。"十万有一失"在航天器的零件中也是不允许的。此外，"指数爆炸""直线上升"等等已经进入日常语言。它们的含义可与事物的复杂性相联系(计算复杂性问题)，正是所需要研究的。"事业坐标""人生轨迹"也已经是人们耳熟能详的词语。

数学的宏观和微观认识 ⟩

宏观和微观是从物理学借用过来的，后来变成一种常识性的名词。以函数为例，初中和高中的函数概念有变量说和对应说之分，其实是宏观描述和微观刻画的区别。初中的变量说，实际上是宏观观察，主要考察它的变化趋势和性态。高中的对应则是微观的分析。在分段函数的端点处，函数值在这一段，还是下一段，差一点都不行。政治上有全局和局部，物理上有牛顿力学与量子力学，电影中有全景和细部，国画中有泼墨山水画和工笔花鸟画，其道理都是一样的。是否要从这样的观点考察函数呢？

● 数学之谜

奇妙的圆形 ＞

圆形，是一个看来简单，实际上是很奇妙的图形。

古代人最早是从太阳，从阴历十五的月亮得到圆的概念的。就是现在也还用日、月来形容一些圆的东西，如月门、月琴、日月贝、太阳珊瑚等等。

是什么人作出第一个圆呢？

十几万年前的古人作的石球已经相当圆了。

1.8万年前的山顶洞人曾经在兽牙、砾石和石珠上钻孔，那些孔有的就很圆。

山顶洞人是用一种尖状器转着钻孔的，一面钻不透，再从另一面钻。石器的尖是圆心，它的宽度的一半就是半径，一圈圈地转就可以钻出一个圆的孔。

以后到了陶器时代，许多陶器都是圆的。圆的陶器是将泥土放在一个转盘

月门

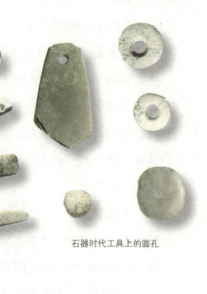

石器时代工具上的圆孔

古代战车车轮

月琴

上制成的。

　　当人们开始纺线，又制出了圆形的石纺锤或陶纺锤。

　　6 000年前的半坡人（在西安）会建造圆形的房子，面积有10多平方米。

　　古代人还发现圆的木头滚着走比较省劲。后来他们在搬运重物的时候，就把几段圆木垫在大树、大石头下面滚着走，这样当然比扛着走省劲得多。当然了，因为圆木不是固定在重物下面的，走一段，还得把后面滚出来的圆木滚到前面去，垫在重物前面部分的下方。

　　大约在6000年前，美索不达米亚人

33

做出了世界上第一个轮子——圆的木盘。

大约在4 000多年前，人们将圆的木盘固定在木架下，这就成了最初的车子。因为轮子的圆心是固定在一根轴上的，而圆心到圆周总是等长的，所以只要道路平坦，车子就可以平稳地前进了。

会作圆，但不一定就懂得圆的性质。古代埃及人就认为：圆，是神赐给人的神圣图形。一直到两千多年前我国的墨子（约前468—前376年）才给圆下了一个定义："一中同长也"。意思是说：圆有一个圆心，圆心到圆周的长都相等。这个定义比希腊数学家欧几里得（约前330—前275年）给圆下定义要早100年。

圆周率，也就是圆周与直径的比值，是一个非常奇特的数。

《周髀算经》上说"径一周三"，把圆周率看成3，这只是一个近似值。美索不达米亚人在做第一个轮子的时候，也只知道圆周率是3。

魏晋时期的刘徽于公元263年给《九

刘徽（约225—295年），汉族，山东邹平人，魏晋时期伟大的数学家，中国古典数学理论的奠基者之一。

章算术》作注。他发现"径一周三"只是圆内接正六边形周长和直径的比值。他创立了割圆术，认为圆内接正多边形边数无限增加时，周长就越逼近圆周长。他算到圆内接正3072边形的圆周率，$\pi = 3927/1250$，请你将它换算成小数，看看约等于多少？

刘徽已经把极限的概念运用于解决实际的数学问题之中，这在世界数学史上也是一项重大的成就。

祖冲之（429—500年）在前人的计算基础上继续推算，求出圆周率在3.1415926与3.1415927之间，是世界上最早的七位小数精确值，他还用两个分数值来表示圆周率：22/7称为约率，355/113称为密率。

请你将这两个分数换算成小数，看它们与今天已知的圆周率有几位小数数字相同？

在欧洲，直到1000年后的16世纪，德国人鄂图（1573年）和安托尼兹才得到这个数值。

现在有了电子计算机，圆周率已经算到了小数点后1 000万位以上了。

英特尔芯片

世界第一台计算机

35

神奇的黄金分割 ❯

黄金分割又称黄金律，是指事物各部分间一定的数学比例关系，即将整体一分为二，较大部分与较小部分之比等于整体与较大部分之比，其比值为1：0.618或1.618：1，即长段为全段的0.618。0.618被公认为最具有审美意义的比例数字。上述比例是最能引起人的美感的比例，因此被称为黄金分割。

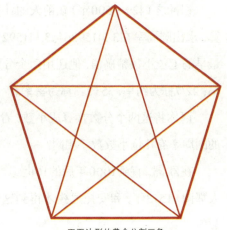

正五边形的黄金分割三角

由于公元前6世纪古希腊的毕达哥拉斯学派研究过正五边形和正十边形的作图，因此现代数学家们推断当时毕达哥拉斯学派已经触及甚至掌握了黄金分割。

公元前4世纪，古希腊数学家欧多克索斯第一个系统研究了这一问题，并建立起比例理论。他认为所谓黄金分割，指的是把长为 1 的线段分为两部分，使其中一部分对于全部之比，等于另一部分对于该部分之比。而计算黄金分割最简单的方法，是计算斐波那契数列1，1，2，3，5，8，13，21……后二数之比2/3，3/5，5/8，8/13，13/21……近似值的。

黄金分割在文艺复兴前后，经过阿拉伯人传入欧洲，受到了欧洲人的欢迎，他们称之为"金法"，17世纪欧洲的一位

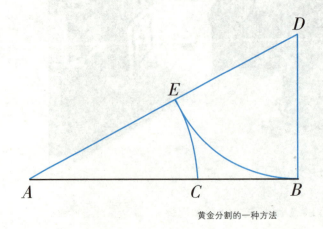

$$BD=\frac{1}{2}AB$$

$$DE=DB$$

$$AC=AE$$

$$AC:AB=\frac{\sqrt{5}-1}{2}$$

黄金分割的一种方法

数学家，甚至称它为"各种算法中最宝贵的算法"。这种算法在印度称之为"三率法"或"三数法则"，也就是我们现在常说的比例方法。

公元前300年前后欧几里得撰写《几何原本》时吸收了欧多克索斯的研究成果，进一步系统论述了黄金分割，成为最早的有关黄金分割的论著。

中世纪后，黄金分割被披上神秘的外衣，意大利数家帕乔利将中末比为神圣比例，并专门为此著书立说。德国天文学家开普勒称黄金分割为神圣分割。

其实有关"黄金分割"，中国也有记载。虽然没有古希腊的早，但它是中国古代数学家独立创造的，后来传入了印度。

经考证，欧洲的比例算法是源于中国而经过印度由阿拉伯传入欧洲的，而不是直接从古希腊传入的。

到19世纪黄金分割这一名称才逐渐通行。黄金分割数有许多有趣的性质，人类对它的实际应用也很广泛。最著名的例子是优选法中的黄金分割法或0.618法，是由美国数学家基弗于1953年首先提出的，20世纪70年代由华罗庚提倡在中国推广。

这个数值的作用不仅仅体现在诸如绘画、雕塑、音乐、建筑等艺术领域，而且在管理、工程设计等方面也有着不可忽视的作用。

利用黄金分割的紫禁城

摄影中的黄金分割

• 黄金分割与美感

　　它在造型艺术中具有美学价值，在工艺美术和日用品的长宽设计中，采用这一比值能够引起人们的美感，在实际生活中的应用也非常广泛，建筑物中某些线段的比就科学采用了黄金分割，舞台上的报幕员并不是站在舞台的正中央，而是偏在台上一侧。以站在舞台长度的黄金分割点的位置最美观，声音传播的最好。就连植物界也有采用黄金分割的地方，如果从一棵嫩枝的顶端向下看，就会看到叶子是按照黄金分割的规律排列着的。在很多科学实验中，选取方案常用一种 0.618 法，即优选法，它可以使我们合理地安排较少的试验次数找到合理的方法合适的工艺条件。正因为它在建筑、文艺、工农业生产和科学实验中有着广泛而重要的应用，所以人们才珍贵地称它为"黄金分割"。

1:1.618

• 黄金分割与艺术创作

　　黄金分割是一种数学上的比例关系。黄金分割具有严格的比例性、艺术性、和谐性，蕴涵着丰富的美学价值。应用时一般取 0.618，就像圆周率在应用时取 3.14 一样。高雅的艺术殿堂里，自然也留下了黄金数的足迹。人们还发现，一些名画、雕塑、摄影作品的主题，大多在画面的 0.618 处。艺术家们认为弦乐器的琴马放在琴弦的 0.618 处，能使琴声更加柔和甜美。

　　黄金矩形的长宽之比为黄金分割率，换言之，矩形的长边为短边的 1.618 倍。黄金分割率和黄金矩形能够给画面带来美感，令人愉悦。在很多艺术品以及大自然中都能找到它。希腊雅典的巴特农神庙就是一个很好的例子，达·芬奇的《维特鲁威人》符合黄金矩形。《蒙娜丽莎》中蒙娜丽莎的脸也符合黄金矩形，《最后的晚餐》同样也应用了该比例布局。

　　画家们发现，按 0.618:1 来设计腿长与身高的比例，画出的人体身材最优美，而现今的女性，腰身以下的长度平均只占身高的 0.58，因此古希腊维纳斯女神塑像及太阳神阿波罗的形象都通过故意延长双腿，使之与身高的比值为 0.618，从而创造了艺术美。难怪许多姑娘都愿意穿上高跟鞋，而芭蕾舞演员则在翩翩起舞时，不时地踮起脚尖。音乐家发现，二胡演奏中，"千金"分弦的比符合 0.618:1 时，奏出来的音调最和谐、最悦耳。

• 黄金分割与建筑艺术

　　黄金分割被认为是建筑和艺术中最理想的比例。建筑师们对数字 0.618 特别偏爱，无论是古埃及的金字塔，还是巴黎圣母院，或者是近世纪的法国埃菲尔铁塔，都有与 0.618 有关的数据。黄金分割与大多数门窗的宽长之比也是 0.618；还有，在古希腊神庙的设计中就用到了黄金分割。

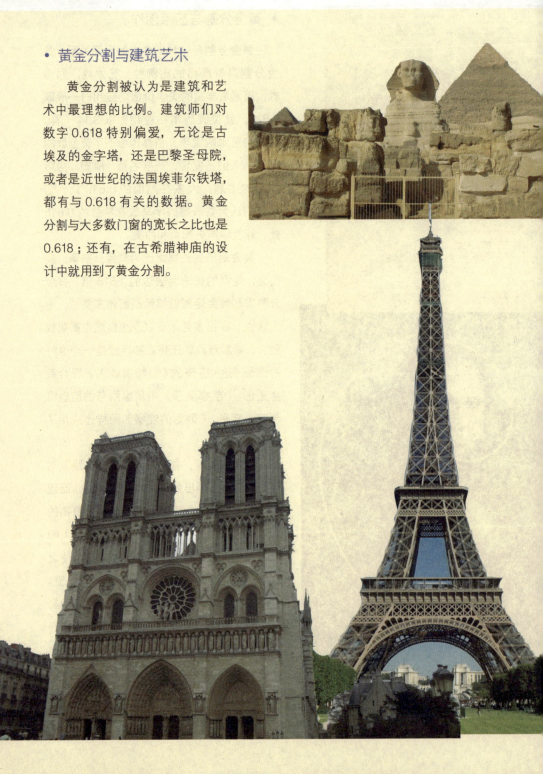

BEI 1+1 GAI BIAN DE SHI JIE

• 黄金分割与植物

　　有些植茎上，两张相邻叶柄的夹角是137°28′，这恰好是把圆周分成1:0.618的两条半径的夹角。据研究发现，这种角度对植物通风和采光效果最佳。植物叶子，千姿百态，生机盎然，给大自然带来了美丽的绿色世界。尽管叶子形态随种而异，但它在茎上的排列顺序（称为叶序），却是极有规律的。有些植物的花瓣及主干上枝条的生长，也是符合这个规律的。你从植物茎的顶端向下看，经细心观察，发现上下层中相邻的两片叶子之间约成137.5°

角。如果每层叶子只画一片来代表，第一层和第二层的相邻两叶之间的角度差约是137.5°，以后二到三层，三到四层，四到五层……两叶之间都成这个角度。植物学家经过计算表明：这个角度对叶子的采光、通风都是最佳的。叶子的排布，多么精巧！叶子间的137.5°角中，藏有什么"密码"呢？我们知道，一周是360°，360°－137.5°=222.5°，而137.5:222.5 ≈ 0.618。瞧，这就是"密码"！叶子的精巧而神奇的排布中，竟然隐藏着0.618的比例。

41

黄金分割与战争

在冷兵器时代，虽然人们还根本不知道黄金分割率这个概念，但人们在制造宝剑、大刀、长矛等武器时，黄金分割率的法则也早已处处体现了出来，因为按这样的比例制造出来的兵器，用起来会更加得心应手。

当发射子弹的步枪刚刚制造出来的时候，它的枪把和枪身的长度比例很不科学合理，很不方便于抓握和瞄准。到了1918年，一个名叫阿尔文·约克的美远

阿尔文·约克

阿尔文·约克的军装、标识及武器

征军下士，对这种步枪进行了改造，改进后的枪形枪身和枪把的比例恰恰符合 0.618 的比例。

实际上，从锋利的马刀刃口的弧度，到子弹、炮弹、弹道导弹沿弹道飞行的顶点；从飞机进入俯冲轰炸状态的最佳投弹高度和角度，到坦克外壳设计时的最佳避弹坡度，我们也都能很容易地发现黄金分割率。

在大炮射击中，如果某种火炮的最大射程为 12 千米，最小射程为 4 千米，则其最佳射击距离在 9 千米左右，为最大射程的 2/3，与 0.618 十分接近。在进行战斗部署时，如果是进攻战斗，大炮阵地的配置位置一般距离己方前沿为 1/3 倍最大射程处，如果是防御战斗，则大炮阵地应配置距己方前沿 2/3 倍最大射程处。

43

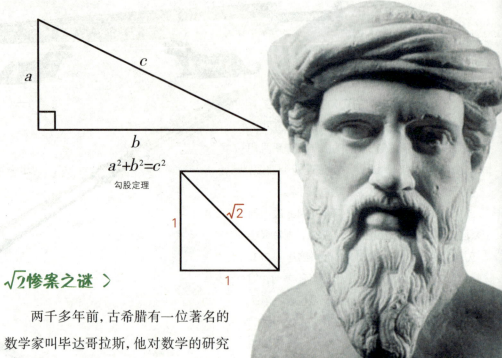

$a^2+b^2=c^2$

勾股定理

毕达哥拉斯

√2惨案之谜

两千多年前，古希腊有一位著名的数学家叫毕达哥拉斯，他对数学的研究是很深的，对数学的发展作出了不可磨灭的贡献。当时他成立了"毕达哥拉斯学派"。其中有这样一个观点："宇宙的一切事物的度量都可用整数或整数的比来表示，除此之外，就再没有什么了。"

毕达哥拉斯首先发现并证明了"直角三角形中，两直角边的平方和等于斜边的平方"，证明了这个定理后，他们学派内外都非常高兴，宰了100头牛大肆庆贺，这个定理在欧洲叫"毕达哥拉斯定理"或"百牛定理"，我国叫勾股定理。可是，他的观点和发现使他日后狼狈不堪，几乎无地自容。

毕达哥拉斯的一个学生西伯斯勤奋好学，善于观察分析和思考。一天，他研究了这样的问题："边长为1的正方形，其对角线的长是多少呢？"

他根据毕达哥拉斯定理，计算是√2（当然，当时不会这样表示的），并发现既不是整数，也不是整数的比。他既高兴又感到迷惑，根据老师的观点，是不应该存在的，但对角线又客观地存在，他无法解释，他把自己的研究结果告诉了老师，并请求给予解释。毕达哥拉斯思考了很久，都无法解释这种"怪"现象，他惊骇极了，又不敢承认是一种新数，否则整个学派的理论体系将面临崩溃，他忐忑不安，最后，他采取了错误的方式：下令封锁消息，也不准西伯斯再研究和谈论此事。

西伯斯在毕达哥拉斯的高压下，心情非常痛苦，在事实面前，通过长时间的思考，他认为$\sqrt{2}$是客观存在的，只是老师的理论体系无法解释它，这说明老师的观点有问题。后来，他不顾一切地将自己的发现和看法传扬了出去，整个学派顿时轰动了，也使毕达哥拉斯恼羞成怒，无法容忍这个"叛逆"。决定对西伯斯严加

惩罚。西伯斯听到风声后，连夜乘船逃走了。然而，他没想到，就在他所乘坐的海船后面追来了几艘小船，他还正憧憬着美好的未来，当他还未醒悟过来的时候，毕达哥拉斯学派的打手已出现在他的面前，他手脚被绑后，投入到了浩瀚无边的大海之中。他为$\sqrt{2}$的诞生献出了自己宝贵的生命！

然而，真理是打不倒的，$\sqrt{2}$的出现，使人类认识了一类新的数——无理数。也使数学本身发生了质的飞跃！人们会永远记住西伯斯，他是真正的无理数之父，他的不畏权威，勇于创新，敢于坚持真理的精神永远激励着后来人！

大金字塔之谜 >

墨西哥、希腊、苏丹等国都有金字塔,但名声最为显赫的还是埃及的金字塔。

埃及是世界上历史最悠久的文明古国之一。金字塔是古埃及文明的代表作,是埃及国家的象征,是埃及人民的骄傲。

金字塔,阿拉伯文意为"方锥体",它是一种方底、尖顶的石砌建筑物,是古代埃及埋葬国王、王后或王室其他成员的陵墓。它既不是金子做的,也不是我们通常所见的宝塔形。是由于它规模宏大,从四面看都呈等腰三角形,很像汉语中的"金"字,故中文形象地把它译为"金字塔"。

埃及迄今发现的金字塔共约80座,其中最大的是因高耸巍峨而被列为古代世界七大奇迹之首的胡夫大金字塔。在1889年巴黎埃菲尔铁塔落成前的4000多年的漫长岁月中，胡夫大金字塔一直是世界上最高的建筑物。

据一位名叫彼得的英国考古学者估计，胡夫大金字塔大约由230万块石块砌成，外层石块约115 000块，平均每块重2.5吨，像一辆小汽车那样大，而大的甚至超过15吨。假如把这些石块凿成平均1立方英尺的小块，把它们沿赤道排成一行，其长度相当于赤道周长的2/3。

1789年拿破仑入侵埃及时，于当年7月21日在金字塔地区与土耳其和埃及军队发生了一次激战，战后他观察了胡夫金字塔。据说他对塔的规模之大佩服得五体投地。他估算，如果把胡夫金字塔和与它相距不远的儿子哈夫拉和孙子孟卡乌拉的金字塔的石块加在一起，可以砌一条3米高、1米厚的石墙沿着国界把整个法国围成一圈。

在4 000多年前生产工具很落后的中古时代，埃及人是怎样采集、搬运数量如

此之多，每块又如此之重的巨石垒成如此宏伟的大金字塔，真是十分难解的谜。

胡夫大金字塔底边原长230米，由于塔的外层石灰石脱落，现在底边减短为227米。塔原高146.5米，经风化腐蚀，现降至137米。塔的底角为51°51″。整个金字塔建筑在一块巨大的凸形岩石上，占地约52 900平方米，体积约260万立方米。它的四边正对着东南西北4个方向。

英国《伦敦观察家报》有一位编辑名叫约翰·泰勒，是天文学和数学的业余爱好者。他曾根据文献资料中提供的数据对大金字塔进行了研究。经过计算，他发现胡夫大金字塔令人难以置信地包含着许多数学上的原理。

他首先注意到胡夫大金字塔底角不是60°而是51°51″，从而发现每壁三角形的面积等于其高度的平方。另外，塔高与塔基周长的比就是地球半径与周长之比，因而，用塔高来除底边的2倍，即可求得圆周率。泰勒认为这个比例绝不是偶然的，它证明了古埃及人已经知道地球是圆形的，还知道地球半径与周长之比。

泰勒还借助文献资料中的数据研究古埃及人建金字塔时使用何种长度单位。当他把塔基的周长化为英寸为单位联系。他由此想到。英制长度单位与古埃及人使用的长度单位是否有一定关系？

泰勒的观念得到了英国数学家查尔斯·皮奇·史密斯教授的支持。1864年史密斯实地考察胡夫大金字塔后声称他发现了大金字塔更多的数学上的奥秘。例如，塔高乘以10°就等于地球与太阳之间的距离，大金字塔不仅包含着长度的单位，还包含着计算时间的单位：塔基的周长按照某种单位计算的数据恰为一年的天数，等等。史密斯的这次实地考察受到了英国皇家学会的赞扬，被授予了学会的金质奖章。

后来，另一位英国人费伦德齐·彼特里带着他父亲用20年心血精心改进的测量仪器又对着大金字塔进行了测绘。在测绘中，他惊奇地发现，大金字塔在线条、角度等方面的误差几乎等于零，在350英尺的长度中，偏差不到0.25英寸。

但是彼特里在调查后写的书中否定了史密斯关于塔基周长等于一年的天数这种说法。

彼特里的书在科学界引起了一场轩然大波。有人支持他，有人反对他。

大金字塔到底凝结着古埃及人多少知识和智慧，至今仍然是没有完全解开的谜。

大金字塔之谜不断吸引着成千上万的热心人在探索。

金字塔内部直梯

49

麦田怪圈之谜 〉

麦田怪圈（Crop circle）是在麦田或其他农田上，通过某种力量把农作物压平而产生出几何图案。此现象在20世纪70年代后期才开始引起公众注意。目前，有众多麦田圈事件被他人或者自己揭发为有人故意制造出来以取乐或者招揽游客。唯麦田圈中的作物"平顺倒塌"方式以及植物茎节点的烧焦痕迹并不是人力压平所能做到，也有麻省理工学院学生试图用自制设备反向复制此一现象，但依然未能达成，至今仍然没有解释该现象是何种设备或做法能够达到。

英国科学家在2008年揭开了一个最复杂的麦田怪圈之谜——它描述了数学上最重要的一个数字——π。这个堪称英国最复杂的麦田怪圈是在巴伯里城堡附近的麦田中形成的。巴伯里城堡位于英国威尔特郡。开始，有很多麦田怪圈狂热者和专家试图揭开这个麦田怪圈的意思，但几乎都无功而返。然而天体物理学家迈克·里德表示，这个直径150米的麦田怪圈外形其实是圆周率π的编码形式。π值3.141592654……可被用于计算圆的面积和周长。里德解释："我注意到巴伯里城堡麦田怪圈外形的一张照片。它显然是代表圆周率——圆圈的周长和直径之比——小数点后10位数的编码图片。第10个数字甚至被适当地舍掉了。中心附近的小圆点其实就是圆周率的小数点。"他接着说："从中心开始，计算每组色块数目，结果清晰地显示出圆周率小数点后10位数的值。"

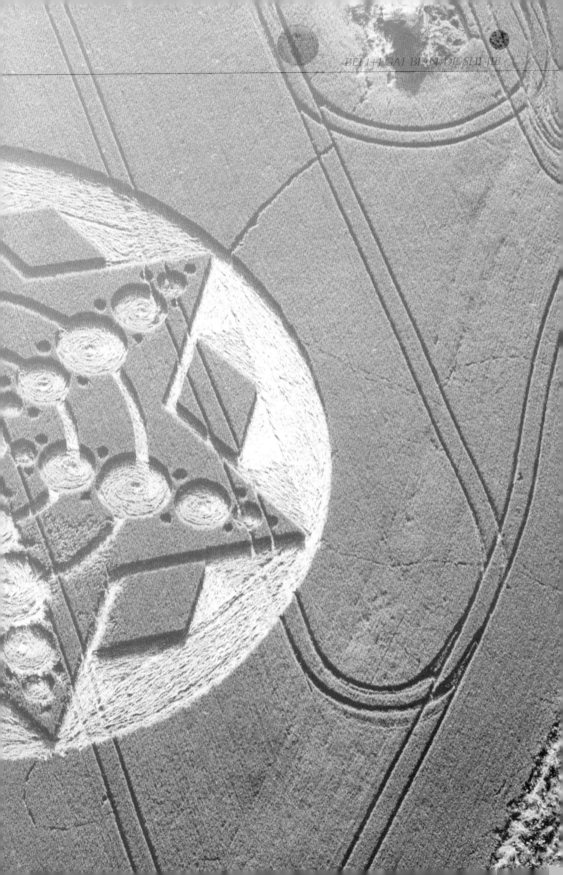

为什么平年二月只有28天 >

"年、月、日"的计算方法是由古代罗马教皇儒略·恺撒创立的。他在修改太阳历时规定每年有12个月，单月31日，双月30。这样一年有366日，要比一年应有的365日多一日，因此必须从哪一个月里扣去一日才合适。当时判处死刑的犯人都是在2月份执行处死，人们认为2月份是不吉利的月份，就从2月份中减去了一日，这样，2月只有29日了。后来，恺撒的儿子奥古斯都做了皇帝，他发现自己出生的8月份只有30日，是小月，于是他就又从2月份中减去一日加在8月中，8月变成了有31天的大月，往后的次序也相应改变，9月、11月改为30天；10月、12月改为31天，这样2月就只有28天了。这样的变化一直延续至今。实际上，人类精确地计算出地球绕太阳转一圈的时间为365天5小时48分46秒（即1年）。为了方便人们把1年定为365天，这样，每过4年就多出将近1天（5小时48分46秒×4≈24小时）来，就把这1天加在2月份里，这一年就成了闰年，有366天。

这里还需要注意的是，每年按365天来计算，每过4年就多出23时15分4秒，这个数字很接近一天的时间。因此，规定每4年的2月份增加一日，以补上过去少算的时间，但这样实际上每4年又要亏44分56秒，推到100年时，亏了18时43分20秒，又将近一日了，所以规定到公元整百年时不增加这一天，而到整400年时再增加这一天。

奥古斯都雕像

53

● 数学与艺术

提起数学,你会觉得它是乏味、枯燥的,数学家们不总是以严谨甚至呆板的形象示人吗?现在我们要讨论的是,数学与艺术结合后,会发生什么奇妙的变化?这些艺术作品将以何种形象印刻在公众的心灵?

《盗梦空间》与非欧几何 ⟩

好莱坞大片《盗梦空间》在全球掀起一阵头脑风暴，片中涉及的数学、物理、哲学和心理学等专业知识的梦境设计，引起观众的极大兴趣与深层探讨；尤其是该片的许多假设与现象，都来源于现代数学中的几何研究。

让我们回忆一下影片中两个令人印象深刻的细节：一个是阿丽雅德妮一直向上走了4段楼梯，却又回到了起点——这其实是荷兰"图形艺术家"埃舍尔在画作《上行与下行》中表达的"无限楼梯"概念，另一个是阿丽雅德妮设计的蛇形迷宫——一个永远也走不出去的真正迷宫。

"无限楼梯"与蛇形迷宫并不存在于现实世界。按照数学理论，真实的世界是欧几里得空间（简称欧氏空间），而"无限楼梯"与蛇形迷宫则建立在非欧空间。与欧氏空间不同，非欧空间的面是曲面，与我们常见的平面从视觉感官上有很大不同，它发生在事物的相对运动中，向欧氏空间弯曲、变化。在影片中，当梦境设计师阿丽雅德妮问科布，如果物理规律在梦境中全部被打破，将会怎样——其实她是在问：如果我们熟悉的对平面几何的传统描述被打破了，将会怎样？

THE
DA VINCI
CODE

《达·芬奇密码》与斐波那契数列

电影《达·芬奇密码》取材于同名小说，是惊险与智力解谜结合的典范之作。作者将密码学、数学、宗教等诸多知识巧妙地植入到错落有致的故事情节中，使得整部作品高潮迭起。

影片从卢浮宫博物馆馆长被杀场面开始，凶案现场留下了像"13"、"3"、"2"、"21"、"1"、"1"、"8"、"5"这样神秘排列的数字。这些数字看似令人费解，实际上只是混合排列了1、1、2、3、5、8、13、21、34、55等斐波那契数列的前8个数字罢了。你发现这组数字的排列规律了吗？对了，从第3个数字开始，每个数字都是前面两个数字的和。

这个数列发现源于意大利数学家斐波那契在《算盘书》中提出的"兔子问题"：假设一只刚出生的小兔，一个月后长成大兔；再过一个月，生出一只小兔。三个月后，大兔又生出一只小兔，而原先的小兔长成大兔。按照这样的规律，四个月、五个月……如果不发生死亡的话，过了一年，共有多少只兔子？当月的兔子数总是等于上月的兔子数加上上月的大兔数，用数列表示就是：1、1、2、3、5、8、13、21、34、55、89、144、233。

斐波那契数列之所以有名，不仅因为数列中相邻两项之和等于后一项，还因为相邻两项相除所得的商竟然无限趋近于0.618——黄金分割率。艺术家在创作时，都会有意识地甚至严格地遵循这个"世界上最美的数字"。在《达·芬奇密码》中，精彩的故事情节同样也少不了围绕这个数字展开。

《画廊》与空间逻辑 〉

平版画《画廊》被认为是荷兰"图形艺术家"埃舍尔一生的巅峰之作，埃舍尔本人也认为，在这幅画上自己达到了思维能力和表现能力的极限。

先看看画里都有什么：画廊内正在举行画展，一位青年站在一幅画前聚精会神地欣赏——画上是一艘轮船，远处码头上矗立着许多楼房。但是问题并不这样简单：从画面左上方开始，那些楼房绵延而来，一直到画面右边出现的一栋角楼——那是一间画廊的入口，画廊内正在举行画展，一位青年人站在那里看画……

确切地说，青年人是站在自己所观看的画中。在此，埃舍尔探索的是空间逻辑与拓扑的表现形式——他将空间由二维转变成三维，使人产生"青年人既在画内又在画外"的恍惚感觉。

如何达到这样的艺术效果呢？我们可以从创作这幅版画的方格草图中找到答案：注意，所有格子的边框都连续地按顺时针方向排列，在画面中间形成一个洞——数学家称其为"奇异点"。看来，到了一个空间结构不再保持完整的地方，要将整个空间编织成一个无洞的整体是非常困难的，埃舍尔也宁可保持这种现状，并将自己的商标initials放在"奇异点"的中心。

除了在传统的影视、文学和美术等艺术领域外，数学在现代音乐、现代美术创作中也得到了普遍应用，而且二者融合得更加生动、完美。例如，20世纪50年代在西方音乐界开始流行的"数学作曲体系"（也称"序列音乐"），以及随着计算机技术发展起来的电子音乐与三维电脑动画。

● 巧用数学

"问路问题"中的逻辑推理 〉

有这样一个故事：在太平洋中有A、B两个相邻的小岛。A岛居民都是诚实的人，B岛的居民都是骗子。当你问一个问题时，A岛的居民会告诉你正确的答案，而B岛的居民给你的答案都是错误的。一天，一个旅游者独自登上了两岛中的某个岛。他分辨不清这个岛是A岛还是B岛，只知道这个岛上的人既有本岛的居民又有另一岛的来客。他想问岛上的人"这是A岛还是B岛？"却又无法判断被问者的答案是否正确。旅游者动脑筋想了会一儿，

终于想出一个办法，他只需要问他所遇到的任意一人一句话，就能从对方的回答中准确无误地断定这里是哪个岛。你能猜出旅游者所问的问题吗？

如果旅游者直接问"这是A岛还是B岛？"那么当被问者是A岛人时，他会得到正确的回答；当被问者是B岛人时，他会得到错误的回答。两种回答截然相反，而旅游者又无法知道他得到的答案对不对，因此这样问话达不到问路的目的。聪明的旅游者的问话是，"你是这个岛的居民吗？"如果对方回答"是"，那么这个岛一定是A岛；如果对方回答"不是"，那么这个岛一定是B岛。你能说出这是为什么吗？

让我们对上面的问题作些讨论。旅游者提出问题时并不知道提问地是何岛，也不知道被问者是何岛居民。他要从所听到的第一句回答来判断问话地是何岛。因此，所提问题的答案必须是因提问地而异，而不由被问者是A岛居民或是B岛居民发生变化。

根据上述特点，我们设法找到这样

的问题，使得在A岛提问时，被问者（不论是何岛居民）都回答同样的一种答案；在B岛提问时，被问者都回答另一种答案。于是，我们就可以根据任一人的回答来判断提问地为何岛了。显然，这样的问题必须与提问地相关，并且还要与被问者有关，如果在A岛提出这样的问题时，A岛居民应作肯定回答（B岛居民也会作肯定回答，但这种回答与客观实际相反），那么在B岛提出同一问题时，A岛居民应作否定回答（B岛居民也会做否定回答，但回答与实际情况相反）。"你是这个岛的居民吗？"这一问题就是一个满足以上要求的问题，我们通过下表表示在不同的提问地的不同的被问者对问题的相应回答。

问题：你是这个岛的居民吗?		
问话地	被问者	
	A岛居民	B岛居民
A岛	回答	
	是	是
B岛	不是	不是

由上表可以一目了然地发现：在A岛提问时，回答总为"是"；在B岛提问时，回答总为"不是"。这就为旅游者判断提问地是哪个岛提供了依据，于是"问路问题"得以解决。

请想一想，如果旅游者的问题为：

"你是相邻的另一岛上的居民吗？"那么能根据任一人的回答来判断提问地是何岛吗？为什么？试通过列表的方式说明理由。

数学中有个分支叫作数理逻辑，它通过数学方法来研究逻辑规律。在数理逻辑中，列表法是一种基本的研究方法，只是其中表的形式与本文中的表有许多不同，使用了一些有关命题、真值的抽象符号，但其基本思想与我们用表讨论问题的思想是大体一致的，都是通过列表来分析和说明问题。数学是以逻辑推理为重要研究方法的学科。所谓逻辑推理，就是合乎事理的、有根有据的推导判断。"问路问题"中的旅游者正是推理的高手，他所提的问题正是推理的产物。大家应在数学学习中注意提高自己的逻辑推理能力，使自己勤于思考并且善于思考，成为聪明人。

1884年，德国数学家弗雷格出版了《数论的基础》一书，在书中引入量词的符号，使得数理逻辑的符号系统更加完备。

61

蜜蜂用数学忙些什么 〉

蜜蜂没有学过镶嵌理论,圆形织网蛛也没有学过对数螺线。但是正像自然界中的许多事物一样,昆虫和兽类的建筑常常可用数学方法进行分析。自然界用的是最有效的形式——只需花费最少能量和材料的形式。不正是这一点把自然界和数学联系起来的吗?自然界掌握了求解极大极小问题、线性代数问题和求出含约束问题最优解的艺术。

把我们的注意力集中于蜜蜂,可以观察到许多数学概念。

正方形、正三角形和正六边形是仅有的3种自镶嵌正多边形。其中,对于给定面积来说,六边形的周长最小。这意味着蜜蜂在建筑蜂房中的六角柱巢室时,比起用以正方形或三角形为底的棱柱来镶嵌空间的情况,可以用较少的蜡和做较少的工作围出相同的空间。蜂房

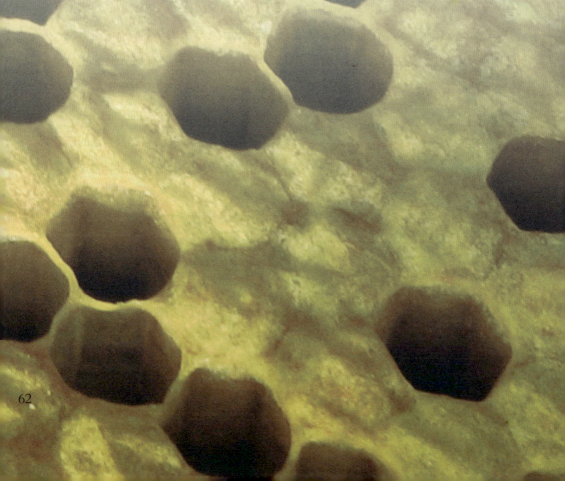

的壁由大约1/80英寸（英制长度单位，1英寸合2.54厘米）厚的巢室壁构成，但能支持自身重量的30倍。这就是蜂房给人以沉重感觉的原因。大约14.5英寸×8.8英寸的蜂房能储存5磅多的蜜，而建筑所需的蜡只有大约1.5盎司（英制重量单位，1盎司合28.349 5克）。蜜蜂用3个斜棱柱截段构成六角柱，巢室壁交接处恰巧呈120°角。蜜蜂们同时在不同截段上工作，天衣无缝地筑成一个蜂房。蜂房是垂直向下建筑的，蜜蜂把它们的部分身体用作测量仪器。事实上，它们的头起着测锤的作用。

蜜蜂所拥有的另一迷人的"工具"是"罗盘"。蜜蜂的定向受到地球磁场的影响。它们能探测到地球磁场中只有灵敏磁强计才能辨别的微小涨落。这就是为什么一群蜜蜂在占据一个新的地点时可以在这新领域的不同部分同时开始建筑蜂房而并无任何蜜蜂领导着它们的原因。

63

所有蜜蜂都按照与旧蜂房相同的方向为它们的新蜂房取向。

蜜蜂的巢室排得很紧密，蜜蜂已经用半菱形十二面体将端处盖好。此外，蜜蜂所建室壁的斜度是13°，这样可以防止蜂蜜在端顶被蜡帽封盖前流出。

通信联络是又一个令人感兴趣的领域。工蜂经过长途侦察回到蜂房时，以"跳舞"的形式发出一串代码，表明它们找到的食物源的方向。它们能传达食物的方向和距离。跳舞相对于太阳的定向提示食物的方向，跳舞的持续时间则指出距离。同样令人惊奇的是，蜜蜂"知道"两点之间的最短距离是一条直线。或许这是

"蜂线"（beeline），即两点之间的直线这一术语的可能来源。工蜂在花间随意来去而采集到大量花蜜后，它知道取最直接的路线回到蜂房。蜜蜂是通过它的遗传密码获得数学训练的。从数学的观点分析自然界的各个方面，是一件有趣的事情。对于蜜蜂生活的这一瞥也不例外。我们在这里发现了材料和工作的最优化、平面和空间的镶嵌图案、六边形、六角柱、菱形十二面体、几何定理、磁场、代码和惊人的工程技术。

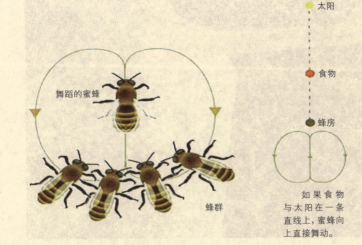

舞蹈的蜜蜂

蜂群

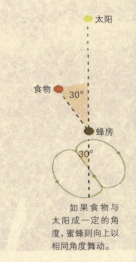

太阳

食物

蜂房

如果食物与太阳在一条直线上，蜜蜂向上直接舞动。

太阳

食物　30°

蜂房

30°

如果食物与太阳成一定的角度，蜜蜂则向上以相同角度舞动。

钱币的学问 >

古今中外的钱币多种多样，与钱币有关的数学更是丰富多彩，趣味无穷。让我们以现在我国通行的人民币为例，一起来讨论一些与钱币有关的问题。

我们所看到的硬币的面值有1分、2分、5分、1角、5角和1元；纸币的面值有1角、2角、5角、1元、2元、5元、10元、20元、50元和100元，一共16种。但这些面值中没有3、4、6、7、8、9，这又是为什么呢？

事实上，我们只要来看一看1、2、5如何组成3、4、6、7、8、9，就可以知道原因了。

$$3=1+2=1+1+1$$
$$4=1+1+2=2+2=1+1+1+1$$
$$6=1+5=1+1+2+2=1+1+1+1+2=$$
$$1+1+1+1+1+1=2+2+2$$
$$7=1+1+5=2+5=2+2+2+1=$$
$$1+1+1+2+2=1+1+1+1+2=1+1+1+1+1+1+1$$
$$8=1+2+5=1+1+1+5=1+1+2+2+2$$
$$=1+1+1+1+2+2=1+1+1+1+1+1+2=$$
$$1+1+1+1+1+1+1+1=2+2+2+2$$
$$9=2+2+5=1+1+2+5=1+1+1+1+5$$
$$=1+1+1+1+1+2+2=1+1+1+2+2+2=$$
$$1+1+1+1+1+2=1+2+2+2+2$$

从以上这些算式中就可知道，用1、2和5这几个数就能以多种方式组成1~9的所有数。这样，我们就可以明白一个道理，人民币作为大家经常使用的流通货币，自然就希望品种尽可能少，但又不影响使用。下面我们就来解答一些实际问题。

例1：将一张1元的人民币兑换成若干张1角、2角、5角的人民币，共有几种兑换方法？

［分析与解］如果只有5角面值的钞票，那么5＋5＝10，就只有一种兑换

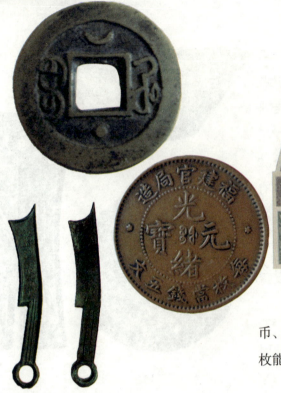

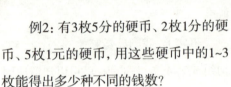

方法；如果有一张5角的钞票，其余是1角、2角面值的，那么5+2+2+1=10，5+2+1+1+1=10，5+1+1+1+1+1=10，就有3种兑换方法；如果没有5角面值的钞票，只有1角、2角面值的钞票，那么2+2+2+2+2=10，2+2+2+2+1+1=10，2+2+2+1+1+1+1=10，2+2+1+1+1+1+1+1=10，2+1+1+1+1+1+1+1+1=10，1+1+1+1+1+1+1+1+1+1=10，就有6种兑换方法。

这样，总兑换方法数为1+3+6=10（种）。

例2：有3枚5分的硬币、2枚1分的硬币、5枚1元的硬币，用这些硬币中的1~3枚能得出多少种不同的钱数？

[分析与解] 如果只用1枚，钱数就有5分、1分、1元3种；如果用2枚，就有：5分+5分=1角，1分+1分=2分，1元+1元=2元，5分+1分=6分，5分+1元=1元零5分，1分+1元=1元零1分共6种；如果用3枚，就有5分+5分+5分=1角5分，5分+5分+1分=1角1分，5分+1分+1分=7分，5分+1分+1元=1元零6分，1元+1元+1元=3元，1分+1分+1元=1元零2分，5分+5分+1元=1元1角，1元+1元+1分=2元零1分，1元+1元+5分=2元零5分，共9种。

这样，共有3+6+9=18种不同的钱数。

人身上的"尺子" >

你知道吗？我们每个人身上都携带着几把尺子。

假如你"一拃"的长度为8厘米，量一下你课桌的长为7拃，则可知课桌长为56厘米。

如果你每步长65厘米，你上学时，数一数你走了多少步，就能算出从你家到学校有多远。

身高也是一把尺子。如果你的身高是150厘米，那么你抱住一棵大树，两手正好合拢，这棵树的一周的长度大约是150厘米。因为每个人两臂平伸，两手指尖之间的长度和身高大约是一样的。

要是你想量树的高，影子也可以帮助你的。你只要量一量树的影子和自己的影子长度就可以了。因为树的高度=树影长×身高÷人影长。这是为什么？等你学会比例以后就明白了。

你若去游玩，要想知道前面的山距你有多远，可以请声音帮你量一量。声音每秒能走340米，那么你对着山喊一声，再看几秒可听到回声，用340乘听到回声的时间，再除以2就能算出来了。

学会用你身上这几把尺子，对你计算一些问题是很有好处的。同时，在你的日常生活中，它也会为你提供方便。

炙肉片的策略 >

约翰逊先生在户外有个炙肉架，正好能容纳2片炙肉。他的妻子和女儿贝特西都饥肠辘辘，急不可耐。问怎样才能在最短时间内炙完3片肉。

约翰逊先生："瞧，炙一片肉的两面需要20分钟，因为每一面需要10分钟。我可以同时炙两片，所以花20分钟就可以炙完两片。再花20分钟炙第三片，全部炙完需要40分钟。"贝特西："你可以更快些，爸爸。我刚算出你可以节省10分钟。"啊哈！贝特西小姐想出了什么妙主意？

为了说明贝特西的解法，设肉片为 A、B、C，每片肉的两面记为1、2，第一个10分钟炙烤 A_1 和 B_1，把B肉片先放到一边。再花10分钟炙烤 A_2 和 C_1，此时肉片A可以炙完。再花10分钟炙烤 B_2 和 C_2，仅花30分钟就炙完了3片肉，对吗？

这个简单的组合问题，属于现代数学中称为运筹学的分支。这门学科奇妙地向我们揭示了一个事实：如果有一系列操作，并希望在最短时间内完成，统筹安排这些操作的最佳方法并非马上就能一眼看出。初看是最佳的方法，实际上大有改进的余地。在上述问题中，关键在于炙完肉片的第一面后并不一定马上去炙其反面。

提出诸如此类的简单问题，可以采用多种方式。例如，你可以改变炙肉架所能容纳肉片的数目，或改变待炙肉片的数目，或两者都加以改变。另一种生成问题的方式是考虑物体不止有两个面，并且需要以某种方式把所有的面都予以"完成"。例如，某人接到一个任务，把 n 个立方体的每一面都涂抹上红色油漆，但每个步骤只能够做到把 k 个立方体的顶面涂色。

今天，运筹学用于解决事物处理、工业、军事战略等等许多领域的实际问题。即使是像炙肉片这样简单的问题也是有意义的。为了说明这一点，请考虑下列变相问题：

琼斯先生和夫人有3件家务事要办。

1.用真空吸尘器清洁一层楼。只有一个真空吸尘器，需要时间30分钟。

2.用割草机修整草地。只用一台割草机，需要时间30分钟。

3.哄婴儿入睡，需要时间30分钟。

他们应该怎样安排这些家务，以求在最短时间内全部完成呢？你看出这个问题与炙肉片问题是同构的吗？假设琼斯先生和夫人同时进行操作，一般人开始往往以为做完这些家务需要60分钟。但是如果一件家务（譬如说用真空吸尘

器做清洁工作)分为两个阶段,第二阶段延后进行(像炙肉片问题那样),那么3件家务可以在3/4的时间内即45分钟内完成。

下面有一个关于准备3片热涂奶油的烤面包问题。这个运筹学问题比较困难。烤面包架是老式的,两边各有一扇翼门,可以同时容纳两片面包,但是只能单面烘烤。如果要烤双面,需要打开翼门,把面包片翻过身来。

将一片面包放入烤面包架需要时间3秒钟,取出来也需要3秒钟,将面包片在烤面包架内翻身又需要3秒钟。这些都需要双手操作,既不能同时进行放、取或把两片面包同时翻身,也不能在放入一片面包,将其翻身或取出的同时把另一片涂抹上奶油。单面烘烤一片面包需要30秒钟,把一片面包涂抹上奶油需要12秒钟。

每片面包仅限于单面涂抹上奶油。未经烘烤不得事先在任何一面涂抹上奶油。单面已经烤过的和涂抹上奶油的面

包片可以重新放入烤面包架内继续烘烤其另一面。如果烤面包架一开始就是热的,试问双面烘烤3片面包并涂抹上奶油最少需要多少时间?

在两分钟内完成上述工作并不太难。然而,如果你领悟到:一片面包在单面烘烤尚未结束的情况下,也可以取出,以后再放回烤面包架内继续烘烤这一面,那么全部烘烤时间就可以缩减至111秒钟。使你想到这一点,统筹安排这些操作使效率达到最高也远非是一件易事。在这方面,尚有无数比此更为复杂的实际问题,需要借助于与计算机和现代图论有关的高度复杂的数学手段。

> **数学中的诗情画意**

　　清代女诗人何佩玉擅长作数字诗，她曾写过一首诗，连用了10个"一"，勾画了一幅"深秋僧人晚归图"，但不给人以重复的感觉："一花一柳一点矶，一抹斜阳一鸟飞。一山一水一中寺，一林黄叶一僧归。"

抽屉原理与电脑算命 〉

"电脑算命"看起来挺玄乎,只要你报出自己出生的年、月、日和性别,一按按键,屏幕上就会出现所谓性格、命运的句子,据说这就是你的"命"。

其实这充其量是一种电脑游戏而已。我们用数学上的抽屉原理很容易说明它的荒谬。

抽屉原理又称鸽笼原理或狄利克雷原理,它是数学中证明存在性的一种特殊方法。举个最简单的例子,把3个苹果按任意的方式放入两个抽屉中,那么一定有一个抽屉里放有两个或两个以上的苹果。这是因为如果每一个抽屉里最多放有一个苹果,那么两个抽屉里最多只放有两个苹果。运用同样的推理可以得到:

原理1把多于 n 个的物体放到 n 个抽屉里,则至少有一个抽屉里有2个或2个以上的物体。

原理2把多于 mn 个的物体放到 n 个抽屉里,则至少有一个抽屉里有 $m+1$ 个或多于 $m+1$ 个的物体。

如果以70年计算,按出生的年、月、日、性别的不同组合数应为 $70 \times 365 \times 2 = 51100$,我们

把它作为"抽屉"数。我国现有人口11亿,我们把它作为"物体"数。由于 $1.1 \times 10^9 = 21526 \times 51100 + 21400$,根据原理2,存在21526个以上的人,尽管他们的出身、经历、天资、机遇各不相同,但他们却具有完全相同的"命",这真是荒谬绝伦!

在我国古代,早就有人懂得用抽屉原理来揭露生辰八字之谬。如清代陈其元在《庸闲斋笔记》中就写道:"余最不信星命推步之说,以为一时(注:指一个

时辰，合两小时）生一人，一日生十二人，以岁计之则有四千三百二十人，以一甲子（注：指60年）计之，只有二十五万九千二百人而已，今只以一大郡计，其户口之数已不下数十万人（如咸丰十年杭州府一城80万人），则举天下之大，自王公大人以至小民，何啻亿万万人，则生时同者必不少矣。其间王公大人始生之时，必有庶民同时而生者，又何贵贱贫富之不同也？"在这里，一年按360日计算，一日又分为12个时辰，得到的抽屉数为60×360×12=259200。

所谓"电脑算命"不过是把人为编好的算命语句像中药柜那样事先分别一一存放在各自的柜子里，谁要算命，即根据出生的年月、日、性别的不同的组合按不同的编码机械地到电脑的各个"柜子"里取出所谓命运的句子。这种在古代迷信的亡灵上罩上现代科学光环的勾当，是对科学的亵渎。

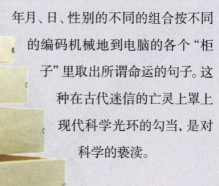

有趣的数学游戏

趣味数独 〉

数独是一种运用纸、笔进行演算的逻辑游戏。玩家需要根据9×9盘面上的已知数字，推理出所有剩余空格的数字，并满足每一行、每一列、每一个粗线宫内的数字均含1~9，不重复。每一道合格的数独谜题都有且仅有唯一答案，推理方法也以此为基础，任何无解或多解的题目都是不合格的。

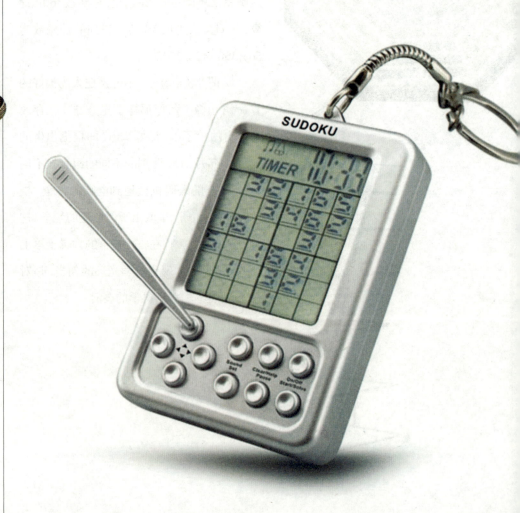

• 9×9标准数独终盘数量

数独中的数字排列千变万化，那么究竟有多少种终盘的数字组合呢？

6670903752021072936960（约有 $6.67×10^{21}$）种组合，2005 年由 Bertram Felgenhauer 和 Frazer Jarvis 计算出该数字，并将计算方法发布在他们网站上。如果将等价终盘（如旋转、翻转、行行对换、数字对换等变形）不计算，则有 5472730538 个组合。数独终盘的组合数量都如此惊人，那么数独题目数量就更加不计其数了，因为每个数独终盘又可以制作出无数道合格的数独题目。

```
. 6 . | 5 9 3 | . . .
9 . 1 | . . . | 5 . .
. 3 . | 4 . . | . 9 .
------+-------+------
1 . 8 | . 2 . | . . 4
4 . . | 3 . 9 | . . 1
2 . . | . 1 . | 6 . 9
------+-------+------
. 8 . | . . 6 | . 2 .
. . 4 | . . . | 8 . 7
. . . | 7 8 5 | . 1 .
```

• 难度划分

影响数独难度的因素很多，就题目本身而言，包括最高难度的技巧、各种技巧所用次数、是否有隐藏及隐藏的深度及广度的技巧组合、当前盘面可逻辑推导出的出数个数等等。对于玩家而言，了解的技巧数量、熟练程度、观察力自然也影响对一道题的难度判断。目前市面上数独刊物良莠不齐，在书籍、报纸、杂志中所列的难度或者大众解题时间纯属参考，常有难度错置的情况出现，所以不必特别在意。网络上有很多数独难度的分析软件，比较著名的是 Nicolas Juillerat 开发的 Sudoku Explainer 和 Bernhard Hobiger 开发的 Hodoku，它们都是免费的软件。因为每种软件都有不同的解题策略，所以也只能作为难度的大致界定，无法真正解析出难度的内涵。

如果一道题目的提示数少，那么题目就会相对难，提示数多则会简单，这是一般人判断难易的思维模式，但数独谜题提示数的多寡与难易并无绝对关系，多提示数比少提示数难的情况屡见不鲜，同时也存在增加提示数之后题目反而变难的情形，即使是相同提示数（甚或相同谜题图形）也可以变化出各式各样的难度。提示数少对于出题的困难度则有比较直接的关系，以 20~35 提示数而言，每少一个提

被1+1改变的世界

直观法和候选数法只是填制时候是否有注记的区别，依照个人习惯而定，并非鉴定题目难度或技巧难度的标准，无论是难题或是简单题都可按上述方法填制，一般程序解题以候选数法较多。

• 变形数独

数独发展到现在，出现了越来越多的变形，按照规则划分则成百上千，各国的数独爱好者也不断制作出新的变形。下面列出最常见的3种变形：

1. 对角线数独（Diagonal Sudoku、Sudoku-X）：在标准数独规则基础上，两条大对角线的数字不重复。

2. 锯齿数独（Jigsaw Sudoku）：相对

示数，其出题难度会增加数倍，在制作谜题时，提示数在22以下就非常困难，所以常见的数独题其提示数在23~30之间，其原因在于制作比较不困难，可以设计出比较漂亮的图形，另外这个提示数范围的谜题变化多端是一个重要因素。

• 解题方法

依解题填制的过程可区分为直观法与候选数法。

1. 直观法就是不做任何记号，直接从数独的盘势观察线索，推论答案的方法。

2. 候选数法就是删减等位群格位已出现的数字，将剩余可填数字填入空格作为解题线索的参考，可填数字称为候选数（Candidates，或称备选数）。

对角线数独

78

锯齿数独

3.Killer 数独：在标准数独规则的基础上，每个虚线框左上角的数字表示虚线框内所有数字之和，每个虚线框内数字无重复。

同时这 3 种基本变形也作为其他变形数独的雏形慢慢延伸开来，比如对角线数独引发了额外区域等，锯齿数独打破了宫是方方正正的定式，Killer 数独更是引发了更多计算类的数独。

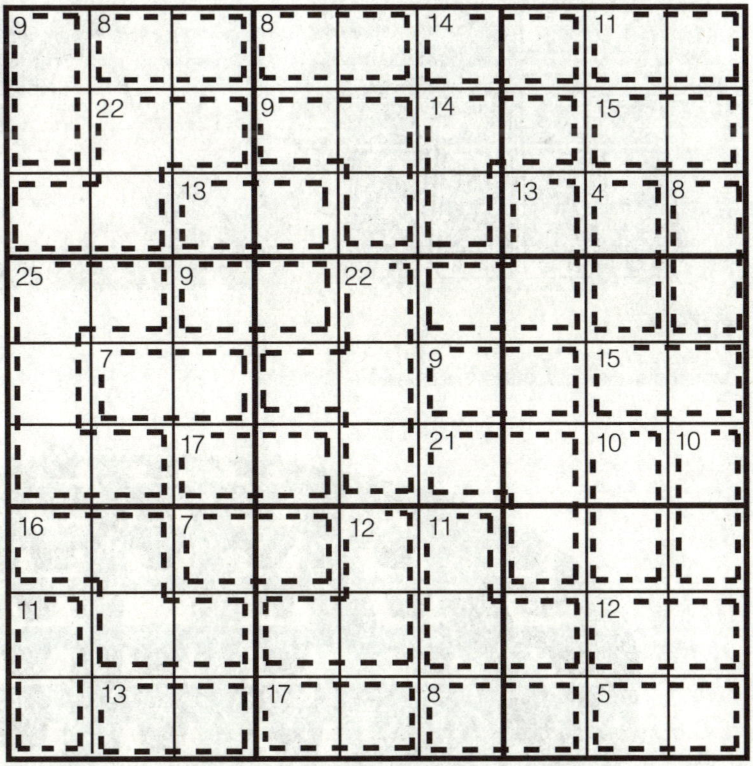

Killer数独

魔方的奥秘 ＞

　　魔方，Rubik's Cube又叫魔术方块，也称鲁比克方块。是匈牙利布达佩斯建筑学院厄尔诺·鲁比克教授在1974年发明的。魔方系由富于弹性的硬塑料制成的六面正方体。魔方与中国人发明的"华容道"，法国人发明的"独立钻石"一并被称为智力游戏界的三大不可思议。而魔方受欢迎的程度更是智力游戏界的奇迹。

厄尔诺·鲁比克

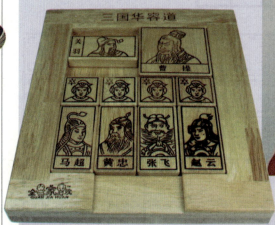

华容道

独立钻石

80

• 魔方之父厄尔诺·鲁比克

　　魔方，也称鲁比克方块，台湾称为魔术方块，香港称为扭计骰，英文名字是：Rubik's Cube。三阶魔方是由富有弹性的硬塑料制成的六面正方体。此外，除三阶魔方外还有二阶、四阶至十三阶，近代新发明的魔方越来越多，它们造型不尽相同，但都是趣味无穷。

　　当初厄尔诺·鲁比克教授发明魔方，仅仅是作为一种帮助学生增强空间思维能力的教学工具。但要使那些小方块可以随意转动而不散开，不仅是个机械难题，这牵涉到木制的轴心，座和榫头等。直到魔方在手时，他将魔方转了几下后，才发现如何把混乱的颜色方块复原竟是个有趣而且困难的问题。鲁比克就决心大量生产这种玩具。魔方发明后不久就风靡世界，人们发现这个小方块组成的玩意实在是奥妙无穷。

• 魔方的结构

　　三阶魔方核心是一个轴，并由26个小正方体组成。包括中心方块6个，固定不动，只一面有颜色。边角方块8个(3面有色)(角块)可转动。

　　边缘方块12个(2面有色)(棱块)亦可转动。玩具在出售时，小立方体的排列使大立方体的每一面都具有相同的颜色。当大立方体的某一面平动旋转时，其相邻的各面单一颜色便被破坏，而组成新图案立方体，再转再变化，形成每一面都由不同颜色的小方块拼成。玩法是将打乱的立方体通过转动尽快恢复成六面成单一颜色。

　　魔方总的变化数为43252003274489856000，或者约等于 $4.3×10^{19}$。如果一秒可以转 3 下魔方，不计重复，需要转 4542 亿年，才可以转出魔方所有的变化，这个数字大约是目前估算宇宙年龄的 30 倍。

　　中心块（6 个）：中心块与中心轴连接在一起，但可以顺着轴的方向自由地转动。中心块的表面为正方形，结构略呈长方体，但长方体内侧并非平面，另外中心还有一个圆柱体连接至中心轴。

　　从侧面看，中心块的内侧会有一个圆弧状的凹槽，组合后，中心块和边块上的凹槽可组成一个圆形。旋转时，边块和角块会沿着凹槽滑动。

　　棱块（12 个）：棱块的表面是两个正方形，结构类似一个长方体从立方体的一个边凸出来，这样的结构可以让棱块嵌在两个中心块之间。长方体表面上的弧度与中心块上的弧度相同，可以沿着滑动。立方体的内侧有缺角，组合后，中心块和棱块上的凹槽可组成一个圆形。旋转时，棱块和角块会沿着凹槽滑动。另外，这个缺角还被用来固定角块。

　　角块（8 个）：角块的表面是 3 个正方形，结构类似一个小立方体从立方体的一个边凸出来，这样的结构可以让角块嵌在 3 个棱块之间。与棱块相同，小立方体的表面一样有弧度，可以让角块沿着凹槽旋转。

• 魔方的分类

• 二阶魔方

二阶魔方的英文官方名字叫做 Pocket Rubik's Cube 或 Mini Cube,中文直译叫作"口袋魔方"。它每个边有两个方块,官方版本之一魔方边长为 40 毫米,另外一个由我国台湾东贤开发的轴型二阶魔方则为 50 毫米。二阶魔方的总变化数为 3674160 或者大约 3.67×10^6。二阶魔方又称口袋魔方、迷你魔方、小魔方、冰块魔方,为 $2 \times 2 \times 2$ 的立方体结构。本身只有 8 个角块,没有其他结构的方块。结构与三阶魔方相近,可以以复原三阶魔方的公式进行复原。

三阶魔方

• 三阶魔方

三阶魔方的英文官方名字叫作 Rubik's Cube,也就是用鲁比克教授的名字命名的,是目前最普遍的魔方种类。它每个边有 3 个方块,官方版本魔方边长为 57 毫米,三阶魔方的总变化数是 $(8! \times 3^8 \times 12! \times 2^{12})/(2 \times 2 \times 3)=43252003274489856000$ 或者约等于 4.3×10^{19}。三阶魔方由一个连接着 6 个中心块的中心轴以及 8 个角块、12 个棱块构成,当它们连接在一起的时候会形成一个整体,并且任何一面都可水平转动而不影响到其他方块。三阶魔方是生活中最常见的,而在 2011 年 3 月出现了新型三阶——面包三阶,打破了三阶魔方立方体的常规设计。

二阶魔方

• 四阶魔方

四阶魔方的英文官方名字叫作Rubik's Revenge，相对于三阶来说要复杂得多，它的构成分为两类，一类中心是一个球体，每个外围的小块连接着中心球的滑轨，在运动时会沿着用力方向在滑轨上滑动。第二类是以轴为核心的四阶魔方，其实这类四阶魔方就是隐藏中层的五阶魔方，内部的小零件即为五阶的侧心块和中棱块，中轴上有防止锁死的突起装置。作为竞速运动来说第二种构成的四阶魔方运动速度快，不易在高速转动中卡住。 四阶魔方的英文官方名字直译过来是"魔方的复仇"。官方版本大概边长为67毫米，Mefferts版本为60毫米。四阶魔方被认为是二至五阶魔方中最不好复原的，虽然五阶魔方的变化种类比四阶多，但是四阶魔方的中心块并不固定，也就不能用一般的方法进行复原。有7401196841564901869874093974498574336000000000种变化。

五阶魔方

• 五阶魔方

五阶魔方的构成与四阶魔方基本相同，世界上总共有3种结构的五阶魔方，即中国台湾东贤的M5，匈牙利鲁比克的R5，希腊Olimpic的V5。每发明一种新的高阶魔方都要经过很长时间，因为不仅要考虑到项目的可行性，还要考虑魔方做出来后能不能稳定地转动。正是由于这个原因，五阶魔方是官方公布的最高阶魔方，其结构也不是一般的爱好者可以想象出来的。

• 六阶魔方

六阶魔方是由希腊的Olimpic方块公司出产，角块比中心块略大，棱块略呈长方形。方块本身评价不太好，常见的评价为容易POP（飞棱）：指在复原中魔方的某些组成部分从魔方上面脱离的情况，如果是出现在比赛中，则作为无效的复原过程。为防止锁死，方块内部设置click装

四阶魔方

置，但同时也对手感造成严重影响，转起来一卡一卡的。魔友通常对其进行一系列打磨改造，可大大减少顿挫感，并减少很多 pop 的机会。

异型魔方

六阶魔方

• 异型魔方

异型魔方相对原始魔方的变化较大，但是原理基本上相同。初玩的爱好者通常会被它们怪异的外形唬住，其实它们一般都可以看成普通的二阶或三阶魔方。

• 变种魔方

这类魔方保持了原始魔方的外表，但是做出了种种限制，让爱好者不能顺利地按照普通方法完成复原。这一类型的魔方的数量极多，在这里只列出常见几种有特点的魔方。

七阶魔方

• 七阶魔方

七阶魔方同样是由希腊 Olimpic 方块公司出产。同时兼备了收藏，鉴赏及实用价值，方块本身为圆弧形或正方体（全部为圆弧形，因为如果是正方体会有角块悬空）。

变种魔方

• 镜面魔方

叫作 "Rubik Cube Mirror"，是魔术方块的衍生与变形，我们一般叫"银色面魔方"。特色在于外形不对称与镜面涂布，可以变换形状。仔细研究一下，会玩正常三阶的，基本上能还原。拿来当桌面小玩意很不错。

• 斜转的魔方

Skewb Cube 简称 Skewb，其意思为"斜转的魔方"，由 Mefferts 公司推出，它和 Pyraminx 一样也是 4 轴，不过不同的是它继承了立方体的结构，一个面块被一个内接正方形割成 4 个全等的等腰直角三角形和一个正方形，共 5 部分。4 个角叫作角块，中间的小正方形叫作面块。在转动时沿着正方形的其中一边来转动，转动一格是 120°。

- **非对称魔方**

    非对称魔方的特点是不是立方体，而是类似于 2x2x3 这种类型的状态。

- **捆绑魔方**

    捆绑魔方保持原有魔方的状态，但是做出了一些限制，比如把相邻的两个方块做成一个，这样就无法使用原来可以的移动方法进行复原了。

- **五魔方**

    十二面体魔方（五魔方），是一种十二面体魔方，它总共有 50 个可以移动的块。是由一些魔方爱好者和研究者同时发明的。Uwe Meffert 最终取得了五魔方的发明权和制作权，并且在他的魔方网站 Mefferts 进行销售。

    深切五魔，在五魔的原有基础是上将"切线"加深了，其实复原难度相对五魔方而言并没有增加，但是方法与五魔方不同。

- 魔方的玩法

- 普通玩法

这类玩法适合拿魔方当作放松和娱乐的爱好者。他们通常仅仅满足于复原一个魔方，不会追求更高的标准。一般按照网上的视频教程７个步骤就可以还原，简单易学。

- 竞速玩法

竞速玩法出现的具体时间已经难以考证。当爱好者们已经能够熟练复原魔方的时候，就开始追求最快的复原。竞速复原有几个要点：使用的方法要最简便，但是随之产生的问题是步骤越少，需要记忆的公式就越多；使用的魔方需要最适合竞速

最少步骤还原

这是最为艰难的玩法，在这种玩法或者比赛中，比赛组委会提供题目与纸笔，魔方自带 3 个和若干贴纸，然后思考出最少的步骤来解决魔方，在此期间可以转动魔方，不可使用其他计算工具，时间为标准 60 分钟。虽然还没有人能证明出魔方的最大打乱状态（即需要用最多步骤还原的状态）是什么，但是普遍认为经过 50 步无规则的打乱，三阶魔方就能达到最大状态，此情况下恢复原状需要 22 步。目前的世界纪录是 22 步还原。

盲拧

盲拧可以说是每个魔方玩家的梦想。盲拧的定义就是不用眼睛观看魔方（可以记忆），进行复原的过程。计时是从第一眼看到魔方开始的，也就是说记忆魔方的时间也算在总时间内。这种玩法对一个人的记忆力和空间想象力有极大的考验。目前三阶魔方的盲拧世界纪录为 27.65 秒，由 Marcell Endrey 在 Zune Open 2012 创造。（另有一记录为庄海燕在 2010CCA 山东赛创造的 27.46 秒，非官方认证）而四阶魔方盲拧世界纪录是由英国人 Daniel Sheppard 在 2012 爱尔兰公开赛创造的 3 分 17.41 秒。五阶盲拧世界纪录是由 Marcell Endrey 在 Zune Open 2012 上创造的 6 分 44 秒 77。

使用，不会卡住或者打滑，所以出现了魔方专用润滑油；灵巧的双手，因为拥有方法和好的魔方不是最重要的，双手能够熟练的转动魔方才能有最高的效率。

世界上复原魔方速度最快的人曾经在 5.66 秒成功还原了一个三阶魔方（由 16 岁的 Feliks Zemdegs 创造于 2011 年 6 月 25 日墨尔本）。还有人在 0.69 秒成功还原了一个二阶魔方（由 Christian Kaserer 在 2011 特伦廷公开赛创造的）。

数学小魔术 〉

　　数学魔术是指利用数学原理而做成的魔术，因为效果很好，往往人们都会忽略其中的数学原理，数学魔术始于1600年代，被当时所谓的算命者利用而计算人们的年龄，这是第一个数学魔术的由来。随着时代的变迁，数学魔术也在进化，从简单的加减乘除，到复杂的方程计算，都被应用到魔术当中，甚至面积也包含在内，这就是数学魔术。多米尼克·苏戴是一个著名的魔术学家，他开放了数学魔术为人们带来数学中鲜为人知的艺术，他被称作近现代最著名的数学魔术师，著有《84个神奇的数学小魔术》。

90

• 数学猜心魔术

(1) 让对方随便写一个五位数（5 个数字不要都相同的）；

(2) 用这五位数的 5 个数字再随意组成另外一个 5 位数；

(3) 用这两个五位数相减（大数减小数）；

(4) 让对方想着得数中的任意一个数字，把得数的其他数字（除了对方想的那个）告诉你；

(5) 表演者只要把对方告诉你的那几个数字一直相加到一位数，然后用 9 减就可以知道对方想的是什么数了。

例：五位数一：57429；五位数二：24957；相减得：32472；

心中记住：7；余下的告诉表演者：3242；

表演者：3 + 2 + 4 + 2 = 11；1 + 1 = 2；9 − 2 = 7（即对方心中记住的那个数）。

BEI 1+1 GAI BIAN DE SHI JIE

• 数字暗号的艺术

　　在《赌神》系列电影里，赌神可以让手里的5张牌鬼使神差地变为一套皇家同花顺（也就是同花色的 10、J、Q、K、A 五张牌）。皇家同花顺是德州扑克赌桌上的绝杀，手里捏一把皇家同花顺便无人能敌了。

　　如果有 5 张皇家同花顺的扑克牌，把它们背面朝上排成一列，我们可以轻易"读出"每张牌各是哪一个。

　　魔术是这样表演的。首先，魔术师本人按兵不动，由魔术师的助手先上场。他手里拿着这 5 张牌，现场找一位观众，让观众把这 5 张牌的顺序洗乱。洗完牌后，把 5 张牌正面朝上依次摆在桌面上，以验证这些牌都没有被更换过。

　　验证环节结束之后，这 5 张牌全都被翻了过去。

　　然后魔术师的助手说："其实我并不是真正的魔术师，下面请大师登场。"魔术师上场后，助手继续说："首先，我抛砖引玉，随便翻开两张牌。比如第三张——是张 K；再翻开第四张——一张 10。剩

1.观众把洗好的牌依次放在桌面上。

2.桌上的五张牌都被翻了过去。

3.助手翻开了一张 K。

4.助手翻开了一张 10。

下三张背面朝上的牌都是什么，就要看魔术大师的功力了。"

　　助手翻开了一张 K。

　　助手翻开了一张 10。

　　大师走到扑克牌前，淡定地说：最左边一张是 A，最右边这张则是 J，剩下这张就是 Q 了。翻开这 3 张牌，大师说的果然没错，3 张扑克牌全部命中。

　　大师读牌功力的秘密到底在哪里呢？有人或许已经猜到，他的助手一定逃脱不了干系，因为助手知道 5 张背面朝上的牌都是什么牌，他一定用某种暗号告知了"大师"本人。在魔术中，助手要先翻开其中两张牌，但究竟翻开哪两张牌，这可以由助手自己来选择。这种选择本身很可能就是助手和大师之间交流用的暗语。

　　问题的难点就是，如何构造一种暗号系统，使得助手总能选出适当的两张牌翻过来，就能让魔术师立即知道剩下的 3 张牌各是什么。

　　助手和魔术师之间的暗语非常巧妙。助手先从扑克牌中找出 3 张点数依次增大或者依次减小的牌。在上面的例子中，观众洗好的牌从左至右依次是 A、Q、K、10、J，其中 A、Q、J 就是三张点数逐一减小的牌（当然，可能还有别的符合要求的组合）。然后，助手翻开另外两张牌（一张 K 和一张 10），并且先翻开大的那张，再翻开小的那张，暗示魔术师剩下的 3 张牌是递减排列的。魔术师便可推出，剩下的 3 张牌依次是 A、Q、J 了。

　　我们再举一个例子。如果观众洗好的牌依次是 Q、10、A、J、K，魔术师助手可以先翻开数值较小的 Q，再翻开 A，告

93

诉魔术师剩下的 10、J、K 是按照递增方式排列的。

这个策略确实很妙，但是，万一观众洗好的扑克牌序列中没有 3 张递增或者递减的牌该怎么办？我们可以证明，这种情况是绝不会发生的。对于一个由 5 个不相同的数字组成的数列，无论怎样排列，从中一定可以找到一个长度为 3 的递增子序列或者递减子序列。假设 5 张牌的数值分别是 a、b、c、d、e，不妨假设 $a < b$（如果 $a > b$，由对称性，下面的推理同样适用）。只要 c、d、e 中有一个数比 b 大，它就和 a、b 一起构成了递增序列。现在，我们只需要考虑 c、d、e 都比 b 小的情况。如果 $c > d$，b、c、d 就会构成一个递减数列；如果 $d > e$，b、d、e 也会构成一个递减数列；如果以上两条都不满足，c、d、e 本身就变成一个递增序列了。可见，无论如何，长度为 3 的单调序列都是避免不了的。

少的情况下，只知道第 10 个数的大小，不知道第 9 个数的大小，怎么能猜对第 11 个数的值呢？

魔术揭秘：只需要除以 0.618

其实，仅凭借第 10 个数来推测第 11 个数的方法非常简单，你需要做的仅仅是把第 10 个数除以 0.618，得到的结果四舍五入一下就是第 11 个数了。在上面的例子中，由于 249÷0.618=402.913…≈403，因此你可以胸有成竹地断定，第 11 个数就是 403。而事实上，154 与 249 相加真的就等于 403。把头两个方格里的数换一换，结论依然成立：

2 9 11 20 31 52 82 133 215 348

可以看到，第 11 个数应该为 215+348=563，而 348 除以 0.618 就等于 563.107…与实际结果惊人地吻合。这究竟是怎么回事儿呢？

• 斐波那契数列中的魔术

在一张纸上并排画 11 个小方格。叫你的好朋友背对着你（确保你看不到他在纸上写什么），在前两个方格中随便填两个 1 到 10 之间的数。从第三个方格开始，在每个方格里填入前两个方格里的数之和。让你的朋友一直算出第 10 个方格里的数。假如你的朋友一开始填入方格的数是 7 和 3，那么前 10 方格里的数应该是

7 3 10 13 23 36 59 95 154 249

现在，叫你的朋友报出第 10 个方格里的数，你只需要在计算器上按几个键，便能说出第 11 个方格里的数应该是多少。你的朋友会非常惊奇地发现，把第 11 个方格里的数计算出来，所得的结果与你的预测一模一样！这就奇怪了，在不知道头两个数是多

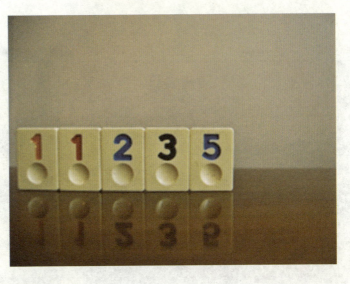

95

魔术原理：溶液调配的启示

不妨假设你的好朋友最初在纸上写下的两个数分别是 a 和 b。那么，这 11 个方格里的数分别为：

a b $a+b$ $a+2b$ $2a+3b$ $3a+5b$ $5a+8b$ $8a+13b$ $13a+21b$ $21a+34b$ $34a+55b$

接下来，我们只需要说明，$21a+34b$ 除以 $34a+55b$ 的结果非常接近 0.618 即可。

让我们来考虑另一个看似与此无关的生活小常识：两杯浓度不同的盐水混合在一起，调配出来的盐水浓度一定介于原来两杯盐水的浓度之间。换句话说，如果其中一杯盐水的浓度是 a/b，另一杯盐水的浓度是 c/d，那么 $(a+c)/(b+d)$ 一定介于 a/b 和 c/d 之间。

因此，$(21a+34b)/(34a+55b)$ 就一定介于 $21a/34a$ 和 $34b/55b$ 之间。而 $21a/34a = 21/34 \approx 0.6176$，$34b/55b = 34/55 \approx 0.6182$，可见不管 a 和 b 是多少，$(21a+34b)/(34a+55b)$ 都被夹在了 0.6176 和 0.6182 之间。如果 a 和 b 都不大，用 $21a+34b$ 的值除以 0.618 来推测 $34a+55b$ 是相当靠谱的。

有的读者可能已经发现了，0.618 不是别的数，正是神秘的黄金分割；而上表中出现的系数 1、1、2、3、5、8、13、21、34、55……正是传说中的斐波那契数列。算术中最富神秘色彩的两个概念在此交织，看来这个简单小魔术的来头并不简单啊！

BEI 1+1 GAI BIAN DE SHI JIE

快速数球 >

魔术师手中拿着10只盒子, 对观众说: "这里有1 000个玻璃球, 分放在10个盒中, 你们告诉我一个数字, 我不用打开盒子, 也不用数, 马上就能照你们说的数字拿出来。"一位观众立即报出181个。魔术师马上拿出5只盒子, 观众打开一数, 正好181个。大家众说纷纭, 就是猜不出。你能知道是为什么吗?

把每只盒标好记, 分别以2的 $(n-1)$ 次方 (n 为1到10的自然数), 依次放入玻璃球数为: 1、2、4、8、16、32、64、128、256、489 (此数按公式应为512, 但只能放489个)。

分析:

(1) 前9个盒中总数为 $256 \times 2 - 1 = 511$ 个, 所以第10个盒应为489个。

(2) 10个盒可以任意组合, 相加后有990个不同的数, 加上10个盒本身的数, 正好从1到1 000共1 000个。

(3) 任意说出一个数, 只要看这个数在哪个区间, 如181在128与256之间, 就用256前面的盒组合, 先用181减128得53, 而后减32得21, 再减16得5, 再减4得1, 再减1得0, 可见, 181是由1、4、16、32、128组合而成。其他各数方法相同。

● 数学家的故事

当你对数学所揭示的自然规律浮想联翩时，当你对数学本身的简洁和谐回味无穷时，当你对数学家们的成就拍案叫绝时，当你对复杂深奥的数学问题豁然开朗时，你的内心就会有说不出的惊奇、喜悦和陶醉，你也就领略了数学的魅力。数学魅力如此之大，以致能激发一代又一代的数学家们为之奋斗终生。

高斯画像

8岁的高斯发现了数学定理 〉

高斯(Gauss 1777—1855)生于Brunswick，位于现在德国中北部。他的祖父是农民，父亲是泥水匠，母亲是一个石匠的女儿，有一个很聪明的弟弟，高斯这位舅舅，对小高斯很照顾，偶尔会给他一些指导，而父亲可以说是一名"大老粗"，认为只有力气能挣钱，学问对穷人是没有用的。

高斯很早就展现出过人的才华，3三岁时就能指出父亲账册上的错误。7岁时进了小学，在破旧的教室里上课，

老师对学生并不好，常认为自己在穷乡僻壤教书是怀才不遇。

而他又有些偏见：穷人的孩子天生都是笨蛋，教这些蠢笨的孩子念书不必认真，如果有机会还应该处罚他们，使自己在这枯燥的生活里添一些乐趣。

这一天正是数学教师情绪低落的一天。同学们看到老师那抑郁的脸孔，心里畏缩起来，知道老师又会在今天找这些学生的麻烦了。

"你们今天替我算从1加2加3一直

到100的和。谁算不出来就罚他不能回家吃午饭。"老师讲了这句话后就一言不发地拿起一本小说坐在椅子上看去了。

教室里的小朋友们拿起石板开始计算:"1加2等于3,3加3等于6,6加4等于10……"一些小朋友加到一个数后就擦掉石板上的结果,再加下去,数越来越大,很不好算。有些孩子的小脸孔涨红了,有些手心、额上渗出了汗来。

还不到半个小时,小高斯拿起了他的石板走上前去。"老师,答案是不是这样?"

老师头也不抬,挥着那肥厚的手,说:"去,回去再算! 错了。"他想不可能这么快就会有答案了。

可是高斯却站着不动,把石板伸向老师面前:"老师! 我想这个答案是对的。"

数学老师本来想怒吼起来,可是一看石板上整整齐齐写了这样的数:5050,他惊奇起来,因为他自己曾经算过,得到的数也是5050,这个8岁的小鬼怎么这样快就得到了这个数值呢?

高斯解释他发现的一个方法,这个方法就是古时希腊人和中国人用来计算级数$1+2+3+\cdots+n$的方法。高斯的发现使老师觉得羞愧,觉得自己以前目空一切和轻视穷人家的孩子的观点是不对的。他以后也认真教起书来,并且还常从城里买些数学书自己进修并借给高斯看。在他的鼓励下,高斯以后便在数学上有了一些重要的研究成果。

货币上的高斯头像

小欧拉智改羊圈 ＞

　　欧拉是数学史上著名的数学家,他在数论、几何学、天文数学、微积分等好几个数学的分支领域中都取得了出色的成就。不过,这个大数学家在孩提时代却一点也不讨老师的喜欢,他是一个曾被学校除名的小学生。

　　事情是因为星星而引起的。当时,小欧拉在一个教会学校里读书。有一次,他向老师提问,天上有多少颗星星。老师是个神学的信徒,他不知道天上究竟有多少颗星,《圣经》上也没有回答过。其实,天上的星星数不清,是无限的。我们的肉眼可见的星星也有几千颗。这个老师不懂装懂,回答欧拉说:"天有有多少颗星星,这无关紧要,只要知道天上的星星是上帝镶嵌上去的就够了。"

　　欧拉感到很奇怪:天那么大,那么高,地上没有扶梯,上帝是怎么把星星一颗一颗镶嵌到天幕上的呢?上帝亲自把它们一颗一颗地放在天幕,他为什么忘记了星星的数目呢?上帝会不会太粗心了呢?

　　他向老师提出了心中的疑问,老师又一次被问住了,涨红了脸,不知如何回答才好。老师的心中顿时升起一股怒气,这

欧拉画像

不仅是因为一个才上学的孩子向老师问出了这样的问题,使老师下不了台,更主要的是,老师把上帝看得高于一切。小欧拉居然责怪上帝为什么没有记住星星的数目,言外之意是对万能的上帝提出了怀疑。在老师的心目中,这可是个严重的问题。

　　在欧拉的年代,对上帝是绝对不能怀疑的,人们只能做思想的奴隶,绝对不允许自由思考。小欧拉没有与教会、与上帝"保持一致",老师就让他离开学校回家。但是,在小欧拉心中,上帝神圣的光

欧拉诞生250周时前苏联发行邮票

环消失了。他想，上帝是个窝囊废，他怎么连天上的星星也记不住？他又想，上帝是个独裁者，连提出问题都成了罪。他又想，上帝也许是个别人编造出来的家伙，根本就不存在。

　　回家后无事，他就帮助爸爸放羊，成了一个牧童。他一面放羊，一面读书。他读的书中，有不少数学书。

　　爸爸的羊群渐渐增多了，达到了100

以欧拉肖像为图案的10瑞士法郎的纸币

103

只。原来的羊圈有点小了，爸爸决定建造一个新的羊圈。他用尺量出了一块长方形的土地，长40米，宽15米，他一算，面积正好是600平方米，平均每一头羊占地6平方米。正打算动工的时候，他发现他的材料只够围100米的篱笆，不够用。若要围成长40米，宽15米的羊圈，其周长将是110米（15+15+40+40=110）。父亲感到很为难，若要按原计划建造，就要再添10米长的材料；要是缩小面积，每头羊的面积就会小于6平方米。

小欧拉却向父亲说，不用缩小羊圈，也不用担心每头羊的领地会小于原来的

计划。他有办法。父亲不相信小欧拉会有办法，听了没有理他。小欧拉急了，大声说，只有稍稍移动一下羊圈的桩子就行了。

父亲听了直摇头，心想："世界上哪有这样便宜的事情？"但是，小欧拉却坚持说，他一定能两全其美。父亲终于同意让儿子试试看。

小欧拉见父亲同意了，站起身来，跑到准备动工的羊圈旁。他以一个木桩为中心，将原来的40米边长截短，缩短到25米。父亲着急了，说："那怎么成呢？那怎么成呢？这个羊圈太小了，太小了。"小欧

拉也不回答，跑到另一条边上，将原来15米的边长延长，又增加了10米，变成了25米。经这样一改，原来计划中的羊圈变成了一个边长25米的正方形。然后，小欧拉很自信地对爸爸说："现在，篱笆也够了，面积也够了。"

父亲照着小欧拉设计的羊圈扎上了篱笆，100米长的篱笆真的够了，不多不少，全部用光。面积也足够了，而且还稍

稍大了一些。父亲心里感到非常高兴。孩子比自己聪明，真会动脑筋，将来一定大有出息。

父亲感到，让这么聪明的孩子放羊实在是太可惜了。后来，他想办法让小欧拉认识了一个大数学家伯努利。通过这位数学家的推荐，1720年，小欧拉成了巴塞尔大学的大学生。这一年，小欧拉13岁，是这所大学里年龄最小的大学生。

 ## 陈景润：小时候，教授送我一颗明珠 〉

30多年前，一篇轰动全中国的报告文学《哥德巴赫猜想》，使得一位数学奇才一夜之间街知巷闻、家喻户晓。在一定程度上，这个人的事迹甚至还推动了一个尊重科学、尊重知识和尊重人才的伟大时代早日到来。他的名字叫作陈景润。

不善言谈，他曾是一个"丑小鸭"。通常，一个先天的聋子目光会特别犀利，一个先天的盲人听觉会十分敏锐，而一个从小不被人注意、不受人欢迎的"丑小鸭"式的人物，常常也会身不由己或者说百般无奈之下苦思冥想，探究事理，格物致知，在天地万物间重新去寻求一个适合自己的位置，发展自己的潜能潜质。你可以说这是被逼的，但这么一"逼"往往也就"逼"出来不少伟人。比如童年时代的陈景润。陈景润1933年出生在一个邮局职员的家庭，刚满4岁，抗日战争开始了。不久，日寇的狼烟烧至他的家乡福建，全家人仓皇逃入山区，孩子们进了山区学校。父亲疲于奔波谋生，无暇顾及子女的教育；母亲是一个劳碌终身的旧式家庭妇女，先后育有12个子女，但最后存活下来的只有6个。陈景润排行老三，上

有兄姐、下有弟妹，照中国的老话，"中间小囡轧扁头"，加上他长得瘦小孱弱，其不受父母欢喜、手足善待可想而知。在学校，沉默寡言、不善辞令的他处境也好不到哪里去。不受欢迎、遭人欺负，时时无端挨人打骂。可偏偏他又生性倔强，从不曲意讨饶，以求改善境遇，不知不觉地便形成了一种自我封闭的内向性格。人总是需要交流的，特别是孩子。禀赋一般的孩

子面对这种困境可能就此变成了行为乖张的木讷之人，但陈景润没有。对数字、符号那种天生的热情，使得他忘却了人生的艰难和生活的烦恼，一门心思地钻进了知识的宝塔，他要寻求突破，要到那里面去觅取人生的快乐。所谓因材施教，就是通过一定的教育教学方法和手段，为每一个学生创造一个根据自己的特点充分得到发展的空间。

小小陈景润，对自己因材施教着。

一生大幸，小学生邂逅大教授，但是，他毕竟还是个孩子。除了埋头书卷，他还需要面对面、手把手的引导。毕竟，能给孩子带来最大、最直接和最鲜活的灵感和欢乐的，还是那种人与人之间的、耳提面命式的，能使人心灵上迸射出辉煌火花的交流和接触。所幸，后来随着家人回到福州，陈景润遇到了他自谓是终身获益匪浅的名师沈元。

陈景润与华罗庚

陈景润工作照

沈元

沈元是中国著名的空气动力学家,航空工程教育家,中国航空界的泰斗。他本是伦敦大学帝国理工学院毕业的博士、清华大学航空系主任,1948年回到福州料理家事,正逢战事,只好留在福州母校英华中学暂时任教,而陈景润恰恰就是他任教的那个班上的学生。

大学名教授教幼童,自有他与众不同、出手不凡的一招。针对教学对象的年龄和心理特点,沈元上课,常常结合教学内容,用讲故事的方法,深入浅出地介绍名题名解,轻而易举地就把那些年幼的学童循循诱入了出神入化的科学世界,激起他们向往科学、学习科学的巨大热情。比如这一天,沈元教授就兴致勃勃地为学生们讲述了一个关于哥德巴赫猜想的故事。

师手遗"珠",照亮少年奋斗的前程。

"我们都知道,在正整数中,2、4、6、8、10……这些凡是能被2整除的数叫偶数;1、3、5、7、9……则被叫作奇数。还有一种数,它们只能被1和它们自身整除,而不能被其他整数整除,这种数叫素数。"

像往常一样,整个教室里,寂静得连一根绣花针掉在地上的声音都能听见,只有沈教授沉稳浑厚的嗓音在回响。

"200多年前,一位名叫哥德巴赫的德国中学教师发现,每个不小于6的偶数都是两个素数之和。譬如,6=3+3,12=5+7,18=7+11,24=11+13……反反复复的,哥德巴赫对许许多多的偶数做了成功的测试,由此猜想每一个大偶数都可以写成两个素数之和。"沈教授说到这里,教室里一阵骚动,有趣的数学故事已经引起孩子们极大的兴趣。

"但是,猜想毕竟是猜想,不经过严密的科学论证,就永远只能是猜想。"这下子轮到小陈景润一阵骚动了,不过是在心里。

该怎样科学论证呢?我长大了行不行呢?他想。后来,哥德巴赫写了一封信给当时著名的数学家欧拉。欧拉接到信十分来劲儿,几乎是立刻投入到这个有趣的论证过程中去。但是,很可惜,尽管

陈景润夜以继日研究数学

欧拉为此几近呕心沥血，鞠躬尽瘁，却一直到死也没能为这个猜想作出证明。从此，哥德巴赫猜想成了一道世界著名的数学难题，200多年来，曾令许许多多的学界才俊、数坛英杰为之前赴后继，竞相折腰。教室里已是一片沸腾，孩子们的好奇心、想象力一下全给调动起来。

"数学是自然科学的皇后，而这位皇后头上的皇冠，则是数论，我刚才讲到的哥德巴赫猜想，就是皇后皇冠上的一颗璀璨夺目的明珠啊！"

沈元一气呵成地讲完了关于哥德巴赫猜想的故事。同学们议论纷纷，很是热闹，内向的陈景润却一声不出，整个人都"痴"了。这个沉静、少言、好冥思苦想的孩子完全被沈元的讲述带进了一个色彩斑斓的神奇世界。在别的同学啧啧赞叹、但赞叹完了也就完了的时候，他却在一遍一遍暗自跟自己讲：

"你行吗？你能摘下这颗数学皇冠上的明珠吗？"

一个是大学教授，一个是黄口小儿。虽然这堂课他们之间并没有严格意义上的交流，甚至连交谈都没有，但又的确算得上一次心神之交，因为它奠就了小陈景润一个美丽的理想，一个奋斗的目标，并让他愿意为之奋斗一辈子！多年以后，陈景润从厦门大学毕业，几年后，被著名数学家华罗庚慧眼识中，伯乐相马，调入中国科学院数学研究所。自此，在华罗庚的带领下，陈景润夜以继日地投入到对哥德巴赫猜想的漫长而卓绝的论证过程之中。

1966年，中国数学界升起一颗耀眼的新星，陈景润在中国《科学通报》上告知世人，他证明了（1+2）！

1973年2月，陈景润再度完成了对（1+2）证明的修改。其所证明的一条定理震动了国际数学界，被命名为"陈氏定理"。不知道后来沈元教授还能否记得自己当年对这帮孩子们都说了些什么，但陈景润却一直记得，一辈子都那样清晰。

109

华罗庚工作照

华罗庚的故事 ❯

华罗庚是世界上第一流的数学家，他在数学的许多领域中取得了辉煌的成就。然而他小的时候，却是一个不讨人喜欢的孩子。

华罗庚上学时，老师和同学发现他口齿不清，行动不灵，总是笨手笨脚的，又寡言少语，同学们给他起了个绰号"罗呆子"。而且背地里常常议论："华老祥家的'罗呆子'长大了不会有什么出息的。"

其实，华罗庚是个很聪明的孩子，他非常喜欢动脑筋，只是他平时少言寡语，又笨手笨脚，因此别人总是察觉不到。

有一次，他跟邻居家的孩子一起出城去玩，他们走着走着，忽然看见路旁有座荒坟，坟旁有许多石人、石马。这立刻引起了华罗庚的好奇心，他非常想去看个究竟，于是他就对邻居家的孩子说：

"那边可能有好玩的，我们过去看看好吗？"

邻居家的孩子回答道："好吧，但只能呆一会儿，有点害怕。"

胆大的华罗庚笑着说："不用怕，世间是没有鬼的。"说完，他首先向荒坟跑去。

两个孩子来到坟前，仔细端详着那些石人、石马，用手摸摸这儿，摸摸那儿，觉得非常有趣。爱动脑筋的华罗庚突然问邻居家的孩子："这些石人、石马各有多重？"

邻居家的孩子迷惑地望着他说："怎么能知道呢？你怎么会问出这样的傻问题，难怪人家都叫你'罗呆子'。"

华罗庚很不甘心地说道："能否想出一种办法来计算一下呢？"

邻居家的孩子听到这话大笑起来，

$$e^{i\varphi} = \cos\varphi + i\sin\varphi$$

说道："等你将来当了数学家再考虑这个问题吧！不过你要是能当上数学家，恐怕就要日出西山了。"

华罗庚不顾邻家孩子的嘲笑，坚定地说："以后一定能想出办法来的。"

当然，计算出这些石人、石马的重量，对于后来果真成为数学家的华罗庚来讲，根本不在话下。

江苏省金坛县城东青龙山上有座庙，每年都要在那里举行庙会。少年华罗庚是个喜爱凑热闹的人，凡是有热闹的地方都少不了他。有一年，华罗庚也同大人们一起赶庙会，一个热闹场面吸引了他，只见一匹高头大马从青龙山向城里走来，马上坐着头插羽毛、身穿花袍的"菩萨"。每到之处，路上的老百姓纳头便拜，非常虔诚。拜后，他们向"菩萨"身前的小罐里投入钱，就可以问神问卦，求医求子了。

华罗庚感到好笑，他自己却不跪不拜"菩萨"。站在旁边的大人见后很生气，训斥道：

"孩子，你为什么不拜，这菩萨可灵了。"

"菩萨真有那么灵吗？"华罗庚问道。

一个人说道："那当然，看你小小年纪千万不要冒犯了神灵，否则，你就会倒霉的。"

"菩萨真的万能吗？"这个问题在华罗庚心中盘旋着。他不相信一尊泥菩萨真能救苦救难。

庙会散了，看热闹的老百姓都回家了。而华罗庚却远远地跟踪着"菩萨"。看到"菩萨"进了青龙山庙里，小华罗庚急忙跑过去，趴在门缝向里面看。只见"菩萨"能动了，他从马上下来，脱去身上的花衣服，又顺手抹去脸上的妆束。门外的华罗庚惊呆了，原来百姓们顶礼膜拜的"菩萨"竟是一村民装扮的。

华罗庚终于解开了心中的疑团，他将"菩萨"骗人的事告诉了村子里的每个人，人们终于恍然大悟了。从此，人们都对这个孩子刮目相看，再也无人喊他"罗呆子"了。

华罗庚上完初中一年级后，因家境贫困而失学了，只好替父母站柜台，但他仍然坚持自学数学。经过自己不懈的努力，他的《苏家驹之代数的五次方程式解法不能成立的理由》论文，被清华大学数学系主任熊庆来教授发现，邀请他来清华大学；华罗庚被聘为大学教师，这在清

华罗庚老年时期照片

华大学的历史上是破天荒的事情。

1936年夏，已经是杰出数学家的华罗庚，作为访问学者在英国剑桥大学工作两年。而此时抗日的消息传遍英国，他怀着强烈的爱国热忱，风尘仆仆地回到祖国，为西南联合大学讲课。

华罗庚十分注意数学方法在工农业生产中的直接应用。他经常深入工厂进行指导，进行数学应用普及工作，并编写了科普读物。

张广厚（1937-1987），数学家。河北唐山人。1979年晋升为研究员。在整函数和亚纯函数理论方面的研究，对几个重要概念即亏值、渐近值、奇异方向和级之间的关系，给出了多种精确表达式。

华罗庚也为青年树立了自学成才的光辉榜样，他是一位自学成才、没有大学毕业文凭的数学家。他说："不怕困难，刻苦学习，是我学好数学最主要的经验"，"所谓天才就是靠坚持不断的努力。"

华罗庚还是一位数学教育家，他培养了像王元、陈景润、陆启铿、杨乐、张广厚等一大批卓越数学家。为了培养青年一代，他为中学生编写了一些课外读物，正是华罗庚这种打破砂锅问到底的精神，使他后来成为一名卓越的数学家。

华罗庚一家

博学的祖冲之 〉

祖冲之（429—500）的祖父名叫祖昌，在宋朝做了一个管理朝廷建筑的长官。祖冲之长在这样的家庭里，从小就读了不少书，人家都称赞他是个博学的青年。他特别爱好研究数学，也喜欢研究天文历法，经常观测太阳和星球运行的情况，并且做了详细记录。

宋孝武帝听到他的名气，派他到一个专门研究学术的官署"华林学省"工作。他对做官并没有兴趣，但是在那里，可以更加专心研究数学、天文了。

我国历代都有研究天文的官，并且根据研究天文的结果来制定历法。到了宋朝的时候，历法已经有很大进步，但是祖冲之认为还不够精确。他根据长期观察的结果，创制出一部新的历法，叫作"大明历"（"大明"是宋孝武帝的年号）。这种历法测定的每一回归年（也就是两年冬至点之间的时间）的天数，跟现代科学测定的相差只有50秒；测定月亮环行一周的天数，跟现代科学测定的相差不到1秒，可见它的精确程度了。

公元462年，祖冲之请求宋孝武帝颁布新历，孝武帝召集大臣商议。那时候，有一个皇帝宠幸的大臣戴法兴出来反对，认

祖冲之画像

为祖冲之擅自改变古历，是离经叛道的行为。祖冲之当场用他研究的数据回驳了戴法兴。戴法兴依仗皇帝宠幸他，蛮横地说："历法是古人制定的，后代的人不应该改动。"祖冲之一点也不害怕。他严肃地说："你如果有事实根据，就只管拿出来辩论。不要拿空话吓唬人嘛。"宋孝武帝想帮助戴法兴，找了一些懂得历法的人跟祖冲之辩论，也一个个被祖冲之驳倒了。但是宋孝武帝还是不肯颁布新历。直到祖冲之死了10年之后，他创制的

大明历才得到推行。

尽管当时社会十分动乱不安，但是祖冲之还是孜孜不倦地研究科学。他更大的成就是在数学方面。他曾经对古代数学著作《九章算术》作了注释，又编写了《缀术》。他的最杰出贡献是求得相当精确的圆周率。经过长期的艰苦研究，他计算出圆周率在3.1415926和3.1415927之间，成

为世界上最早把圆周率数值推算到七位数字以上的科学家。

祖冲之在科学发明上是个多面手，他造过一种指南车，随便车子怎样转弯，车上的铜人总是指着南方；他又造过"千里船"，在新亭江（在今南京市西南）上试航过，一天可以航行100多里。他还利用水力转动石磨，舂米碾谷子，叫作"水碓磨"。

曲线做边界的纸圈儿呢?

对于这样一个看来十分简单的问题,数百年间,曾有许多科学家进行了认真研究,结果都没有成功。后来,德国的数学家莫比乌斯对此发生了浓厚兴趣,他长时间专心思索、试验,也毫无结果。

有一天,他被这个问题弄得头昏脑涨了,便到野外去散步。新鲜的空气,清凉的风,使他顿时感到轻松舒适,但他头脑里仍然只有那个尚未找到的圈儿。一片片肥大的玉米叶子,在他眼里变成了"绿色的纸条儿",他不由自主地蹲下去,摆弄着、观察着。叶子弯曲着耷拉下来,有许多扭成半圆形的,他随便撕下一片,

莫比乌斯

莫比乌斯与莫比乌斯带 〉

数学上流传着这样一个故事:有人曾提出,先用一张长方形的纸条,首尾相粘,做成一个纸圈,然后只允许用一种颜色,在纸圈上的一面涂抹,最后把整个纸圈全部抹成一种颜色,不留下任何空白。这个纸圈应该怎样粘?如果是纸条的首尾相粘做成的纸圈有两个面,势必要涂完一个面再重新涂另一个面,不符合涂抹的要求,能不能做成只有一个面、一条封闭

莫比乌斯带

顺着叶子自然扭的方向对接成一个圆圈儿，他惊喜地发现，这"绿色的圆圈儿"就是他梦寐以求的那种圆圈。

莫比乌斯回到办公室，裁出纸条，把纸的一端扭转180°，再将一端的正面和背面粘在一起，这样就做成了只有一个面的纸圈儿。圆圈做成后，莫比乌斯捉了一只小甲虫，放在上面让它爬。结果，小甲虫不翻越任何边界就爬遍了圆圈儿的所有部分。莫比乌斯激动地说："公正的小甲虫，你无可辩驳地证明了这个圈儿只有一个面。"莫比乌斯圈就这样被发现了。

做几个简单的实验，就会发现"莫比乌斯圈"有许多让我们感到惊奇而有趣的结果。弄好一个圈，粘好，绕一圈后可以发现，另一个面的入口被堵住了，原理就是这样啊。

实验一

如果在裁好的一张纸条正中间画一条线，粘成"莫比乌斯带"，再沿线剪开，把这个圈一分为二，照理应得到两个圈儿，奇怪的是，剪开后竟是一个大圈儿。

实验二

如果在纸条上划两条线，把纸条三等分，再粘成"莫比乌斯带"，用剪刀沿画线剪开，剪刀绕两个圈竟然又回到原出

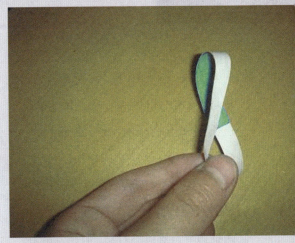

裁好的一张纸条正中间画一条线，粘成"莫比乌斯带"。

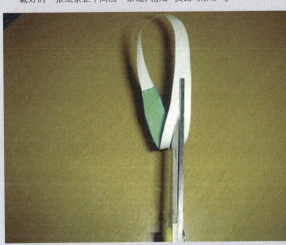

沿线剪开，把这个圈一分为二。

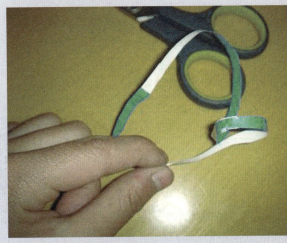

剪开后是一个大圈儿。

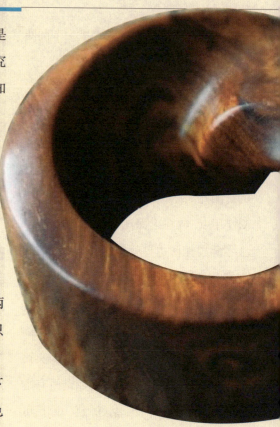

发点,猜一猜,剪开后的结果是什么,是一个大圈?还是3个圈儿?都不是。它究竟是什么呢?你自己动手做这个实验就知道了。你就会惊奇地发现,纸带不是一分为二,而是一大一小的相扣环。

有趣的是:新得到的这个较长的纸圈,本身却是一个双侧曲面,它的两条边界自身虽不打结,但相互套在一起。我们可以把上述纸圈,再一次沿中线剪开,这回可真的一分为二了!得到的是两条互相套着的纸圈,而原先的两条边界,则分别包含于两条纸圈之中,只是每条纸圈本身并不打结罢了。

关于莫比乌斯带的单侧性,可如下直观地了解,如果给莫比乌斯带着色,色笔始终沿曲面移动,且不越过它的边界,最后可把莫比乌斯圈两面均涂上颜色,即区分不出何是正面,何是反面。对圆柱面则不同,在一侧着色不通过边界不可能对另一侧也着色。单侧性又称不可定向性。以曲面上除边缘外的每一点为圆心各画一个小圆,对每个小圆周指定一个方向,称为相伴莫比乌斯

荷兰建筑师Ben Van Berkel以莫比乌斯带为创作模型设计了著名的莫比乌斯住宅。

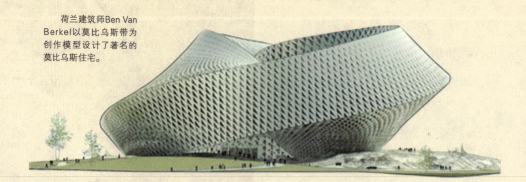

圈单侧曲面圆心点的指向，若能使相邻两点相伴的指向相同，则称曲面可定向，否则称为不可定向。莫比乌斯圈是不可定向的。

　　莫比乌斯圈还有着更为奇异的特性。一些在平面上无法解决的问题，却不可思议地在莫比乌斯圈上获得了解决。比如在普通空间无法实现的"手套易位问题"：人左右两手的手套虽然极为相像，但却有着本质的不同。我们不可能把左手的手套贴切地戴到右手上去，也不能

毛瑞特斯·柯奈利斯·艾雪
莫比乌斯II

亚瑟·克拉克

119

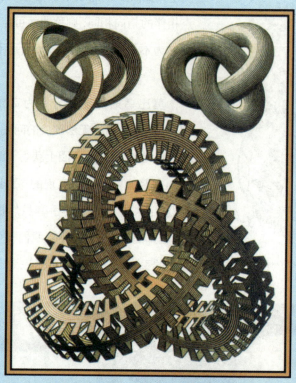

三扭的莫比乌斯带

把右手的手套贴切地戴到左手上来。无论你怎么扭来转去，左手套永远是左手套，右手套也永远是右手套。不过，倘若你把它搬到莫比乌斯圈上来，那么解决起来就易如反掌了。

莫比乌斯带为很多艺术家提供了灵感，比如美术家毛瑞特斯·柯奈利斯·艾雪就是一个利用这个结构在他木刻画作品里面的人，最著名的就是莫比乌斯二代，图画中表现一些蚂蚁在莫比乌斯带上面爬行。它也经常出现在科幻小说里面，比如亚瑟·克拉克的《黑暗之墙》。科幻小说常常想象我们的宇宙就是一个莫比乌斯带。由A.J.Deutsch创作的短篇小说《一个叫莫比乌斯的地铁站》为波士顿地铁站创造了一个新的行驶线路，整个线路按照麦比乌斯方式扭曲，走入这个线路的火车都消失不见。另外一部小说《星际航行：下一代》中也用到了莫比乌斯带空间的概念。荷兰建筑师Ben Van Berkel以莫比乌斯带为创作模型设计了著名的莫比乌斯住宅。在日本漫画《哆啦A梦》中，哆啦A梦有个道具的外观就是莫比乌斯带；在故事中，只要将这个环套在门把上，则外面的人进来之后，看到的仍然是外面。在日本的艾斯奥特曼第23话《逆转！佐菲登场》中TAC队利用莫比乌斯带的原理，让北斗和南进入异次元空间消灭了亚波人。在电玩游戏"音速小子——滑板流星故事"中最后一关魔王战就是在莫比乌斯带形状的跑道上进行，如果你不打败魔王就会一直在莫比乌斯带上无限循环地滑下去……

哆啦A梦

数学是数学家的墓志铭 ⟩

你想在自己的墓碑上刻下什么文字？也许对于我们来说，考虑这个问题为时尚早，但是许许多多的前辈数学家已经用自己的实际行动告诉了我们：墓碑上书写着自己的荣耀。

• 丢番图

"他生命的六分之一是幸福的童年；再活了他的生命的十二分之一，两颊长起了细细的胡子；他结了婚，又度过了一生的七分之一；再过五年，他有了儿子，感到很幸福；可是儿子只活了他全部年龄的一半；儿子死后，他在极度悲痛中度过了四年，也与世长辞了。"

这是一道小学水平的应用题，但如果倒退两千多年，它无疑属于难题。正是这段话，传说被刻在了古希腊数学家丢番图的墓碑上。

丢番图被誉为代数学之父，著有《算术》一书，他对一次方程和二次方程做了深入的研究，其中还包括大量的不定方程。在现代，对于整数系数的不定方程，如果只考虑其整数解，那就把这类方程叫作丢番图方程——因为这基本上正是丢番图当年所研究的内容。古希腊数学家们崇尚几

何，认为所有的代数问题只有在一个几何背景下才有意义。丢番图将代数解放了出来，使之成为独立的学科，而且引入了未知数的概念——他的墓志铭就是一道经典的解方程的题目。而那段话既是丢番图一生仅有的传记，也是对他一生成就的最高概括和褒奖。

丢番图的工作在后人的努力下，得到了极大的扩充和发展。20世纪最牛数学家希尔伯特在1900年数学家大会上提出了23个著名的问题，其中的第十个就与丢番图方程密切相关。

122

• 阿基米德

这位数学全才生前的最后一句话响彻寰宇："不要踩坏我的圆！"他的墓碑上面也正是遵照他早已明确的意思，刻上了一幅与圆有关的图像：圆柱体与其内接球的体积比和表面积比都是 3:2——显然，阿基米德对这个结果很满意。

阿基米德完善并发展了前人提出的"穷竭法"，穷解法由古希腊的安提芬最早提出，他在研究"化圆为方"问题时，提出了使用圆内接正多边形面积"穷竭"圆面积的思想。后来，古希腊数学家欧多克斯做了改进，将其定义为：在一个量中减去比其一半还大的量，不断重复这个过程，可以使剩下的量变得任意小。阿基米德进一步改进这种方法后，将其应用到对曲线、曲面以及不规则体的体积

阿基米德雕像

阿基米德画像

的研究和讨论上，为现代积分学打开了一道隐隐的门。

他的著作《论球和圆柱》全篇以穷竭法为基础，证明了许多的相关定理。其中命题 34 的陈述是：任一球的体积等于一圆锥体积的 4 倍，该圆锥以球的大圆为底，高为球的半径。实际上，他的墓志铭就是这个命题的推论。

这位精力旺盛而长寿的天才还通过使用圆外接正多边形和圆内接正多边形逼近圆周率的真实值，他最终使用到了九十六边形，得到 π 的真实值在 3.14163 和 3.14286 之间。

鲁道夫·范·科伊伦墓志铭

• 鲁道夫

当你看到这个名字的时候，第一反应是不是这样的：鲁道夫？我怎么不知道还有叫这个名字的数学家？

确实，这位数学家不是最出名的，甚至可能是最不出名的（之一），但是他的墓碑一定是最霸气的。他的墓碑完整地概括了其一生的经历：

3.141592653589793238462643383 27950288……

是的，他墓碑上的主要内容就是一个 π 的精确到小数点后 35 位近似值——实际上，他这辈子的大部分时间都在算这个数字！

这位德国数学家的全名是鲁道夫·范·科伊伦（Ludolph van Ceulen），他在 1600 年成为荷兰莱顿大学的第一位数学教授，但是把主要精力放在了求解圆周率更精确的值上。在那个计算基本靠手的年代，他选择了前文提到的简单而繁琐的阿基米德式方法对圆周率进行逼近，最后得到墓碑上的结果的时候，使用的多边形已达到了惊人的 262 条边！相比之下，阿基米德倒稍显"平淡无奇"。由于使用了阿基米德的夹逼法，所以墓碑上其实给出了圆周率的上界和下界。

"百鸟图"中的数字谜

苏东坡画像

宋朝文学家苏东坡不仅文章写得好，而且书画方面也有很高的造诣，相传有一次他画了一幅《百鸟归巢图》，并且给这幅画题了一首诗：

归来一只复一只，

三四五六七八只。

凤凰何少鸟何多，

啄尽人间千万食。

这首诗既然是题"百鸟图"，全诗却不见"百"字的踪影，开始诗人好像是在漫不经心地数数，一只，两只，数到第八只，再也不耐烦了，便笔锋一转，借题发挥，发出了一番感慨，在当时的官场之中，廉洁奉公的"凤凰"为什么这样少，而贪污腐化的"害鸟"为什么这样多？他们巧取豪夺，把百姓的粮食据为己有，使得民不聊生。

你也许会问，画中到底是100只鸟还是8只鸟呢？不要急，请把诗中出现的数字写成一行：

1 1 3 4 5 6 7 8

然后，你动动脑筋，在这些数字之间加上适当的运算符号，就会有

1+1+3×4+5×6+7×8=100。

100出来了！原来诗人巧妙地把100分成了2个1，3个4，5个6，7个8之和，含而不露地落实了《百鸟图》的"百"字。

苏东坡雕像

《百鸟图》

127

图书在版编目（CIP）数据

被1+1改变的世界 / 于川编著. –– 北京：现代出版社, 2014.1

ISBN 978-7-5143-2089-3

Ⅰ.①被… Ⅱ.①于… Ⅲ.①数学 – 青年读物②数学 – 少年读物 Ⅳ.①O1-49

中国版本图书馆CIP数据核字(2014)第007802号

被1+1改变的世界

作　　者	于　川
责任编辑	王敬一
出版发行	现代出版社
地　　址	北京市安定门外安华里504号
邮政编码	100011
电　　话	(010) 64267325
传　　真	(010) 64245264
电子邮箱	xiandai@cnpitc.com.cn
网　　址	www.modernpress.com.cn
印　　刷	汇昌印刷（天津）有限公司
开　　本	710×1000　1/16
印　　张	8
版　　次	2014年1月第1版　2021年3月第3次印刷
书　　号	ISBN 978-7-5143-2089-3
定　　价	29.80元